油指纹鉴别技术

孙培艳　王鑫平　周　青　等著

海洋出版社

2017年·北京

图书在版编目（CIP）数据

油指纹鉴别技术/孙培艳等著．—北京：海洋出版社，2015. 12
ISBN 978-7-5027-9335-7

Ⅰ. ①油…　Ⅱ. ①孙…　Ⅲ. ①漏油-海水污染-污染防治-研究　Ⅳ. ①X55

中国版本图书馆 CIP 数据核字（2017）第 063818 号

责任编辑：杨传霞　鹿　源
责任印制：赵麟苏

海洋出版社　**出版发行**

http：//www. oceanpress. com. cn
北京市海淀区大慧寺路 8 号　邮编：100081
北京画中画印刷有限公司印刷　　新华书店发行所经销
2017 年 4 月第 1 版　2017 年 4 月北京第 1 次印刷
开本：787mm×1092mm　1/16　印张：9. 25
字数：200 千字　定价：60. 00 元
发行部：62132549　邮购部：68038093　总编室：62114335

《油指纹鉴别技术》

参与著作编写的人员：

孙培艳　王鑫平　周　青　曹丽歆　李福娟

李光梅　赵玉慧　季　民　唐红霞　张友篪

邹　洁　李　婷　孙　勇

前　言

2008年凭着一股热情和勇气，我们编写了第一本油指纹鉴别方面的书，王镇棣老师为书写的序，很大地鼓舞了我们，让我们执着、扎实前行。

8年过去了，我们经历了很多，也收获了很多，在油指纹鉴别方面有了较多的认识和经验，我们想以此与同仁分享。

本书共7章，第1章绪论通过简单分析海上溢油事故发生情况、海上溢油污染损害、海上溢油来源以及油指纹鉴别的意义说明为什么要开展油指纹鉴别。第2章到第7章介绍了如何开展溢油鉴别。第2章详细地介绍了油样采集、储运及分析方法，尤其针对目前油指纹主要分析方法气相色谱和气相色谱质谱联用分析法，结合我们多年分析工作的经验，对用于油指纹鉴别的特征组分识别、关键的分析技术细节和注意事项进行了详细阐明。第3章和第4章是有关油指纹影响因素的内容，包括第3章油品类型及油指纹特征，介绍了石油的成因和炼制对油指纹特征的影响，阐述了石油的物理性质、元素、化合物组成及诊断比值，尤其是说明了不同油品的油指纹特征，并给出了特征谱图。第4章介绍了风化，包括主要风化过程，不同风化过程对油指纹的影响以及如何评价风化影响。第5章以理论和实例相结合的形式介绍了目前用于油指纹数据处理的主要数理统计方法。第6章展示了我们研发的油指纹快速分析辅助鉴别及油品信息可视化管理系统。第7章介绍了目前实施的溢油鉴别体系，并以我们主持的一次国际溢油鉴别互校作为实例。从章节的布局和内容可以看出，我们对本书的定位是实用的手册，是希望能给从事溢油鉴别工作的同仁提供一定的借鉴。

和第一本书相比较，增加了我们这些年来在油指纹鉴别方面的研究成果和实践经验。但非常遗憾的是，由于时间关系，我们对于近年来国际上有关油指纹鉴别的研究成果没有进行更多的补充。

溢油事故的复杂性，油指纹鉴别技术的发展，让我们永远在路上！

孙培艳

2016年10月6日

目　录

第1章 绪 论

1.1 海上溢油事故发生情况

随着海洋石油勘探开发规模不断扩大，海洋运输业高速发展，海上溢油污染事故时有发生，溢油污染已成为全球关注的环境问题。溢油事故统计（ITOPF，2001/2012）显示，大型溢油事故（>700 t）的发生率比较低，自记录开始的44年间，2000年至2009年10年间平均每年发生3.5起重大溢油事件，是20世纪70年代年平均次数的1/7，54%的大规模溢油事件发生在70年代，并且到21世纪初这一比例下降为8%。中型溢油事故（7~700 t）发生率在不断降低，21世纪初发生了近15起中型事故，而20世纪90年代，同类事故发生的次数几乎是这个数字的2倍。而公众关注的大型溢油事故，在依据现有溢油信息统计的10 000起溢油事故中，绝大多数的事故（81%）属于小规模事故（<7 t）。从漏油的数量和频率来看，年溢油量在很大程度上受单起重大事故的影响。例如，20世纪90年代发生358起7 t以上的事故，导致溢油1 133 000 t，其中总溢油量的73%源于10起事故。21世纪初发生了182次7 t以上的事故，导致溢油213 000 t；其中总溢油量的53%源于4起事故，造成溢油112 890 t。

1.2 海上溢油污染损害

与陆地的溢油事故相比，海上溢油事故更为复杂。由于海洋环境的特点，海上溢油事故的特点主要表现在损害广、危害大、持续时间长、处置困难、评估难度大、生态和经济损失大、恢复时间周期长。溢出的油在海洋中以浮油、溶解油、乳化油、附着油和凝聚态的残余物等形式存在，对海水、沉积物及包括浮游动植物、底栖生物、海鸟、海洋微生物等海洋生物生态有着复杂的影响，例如大片油膜抑制浮游植物的光合作用，消耗海水溶解氧，破坏食物链，导致生物死亡；石油中许多有毒有害物质进入海洋后不易分解，不仅危害水生生物，并经生物富集，通过食物链进入人体，危害人类健康；影响海气交换，减少进入海洋中的光和热，给海面动力过程造成负面影响。此外，溢油对海洋渔业也会造成损害，例如造成海上捕捞渔获量直接减产、海产品被油污染沾污、不能食用等。油污染沾污海滩，损害海滨娱乐场所。鸟类体表粘上油类后，会丧失飞行能力，若摄入体内还可使其肝、肺、肾等器官发生损害，可能导致鸟类死亡。突发性的严重溢油事故可以改变微生物群落和种群的生活活动，一些对烃类敏感的微生物能被杀死或者生长数受到抑制，而能利用烃类作为碳源和能源的微生物在数目和生物量上不断增加。

1.3 海上溢油来源分析

海上事故性溢油来源主要包括以下几个方面：

（1）来自自然泄露。自然喷涌是由于比水轻的石油从高压的海底岩层中向海水中流入而引起的现象。

（2）来自海上石油勘探开发。在海上石油勘探开发活动中，因为人为因素、自然因素和环境因素，导致海上石油平台、储油轮、海上输油管道的油泄露时有发生。

（3）来自海上运输。因为碰撞、搁浅等造成海上各类船舶使用的燃料油、润滑油的泄露以及装载原油和成品油的油轮的溢油泄漏事故是目前海上突发性溢油事故的主要来源。

（4）来自沿海石油储运及炼制。随着社会经济的发展和能源需求，沿海的石油炼化厂和原油储运基地快速发展。这些炼化厂和原油储运基地在运行过程中存在溢油风险，如果控制不当，溢油将直接或间接流入海洋。2010 年大连“7. 16”溢油事故就属于此类。

（5）来自潜在沉船。历史上，游轮、货轮、油轮因两船相撞、着火，或遭遇强台风等而发生沉船事件，这些船舶所运载或使用的油会因为船舶的受损而泄露到海洋中。

1.4 油指纹鉴别的意义

为了查明溢油来源，科学家们尝试了多种化学分析方法来判定溢油样品与可疑溢油源样品之间的一致性关系，逐渐形成了油指纹鉴别技术体系。众所周知，原油是由众多不同浓度的化合物组成，通过不同的分析检测手段获得这些化合物的不同信息，如利用色谱获取的组分信息，利用光谱获得的各种光谱特征，这些信息就是反映油品特征的油指纹。油品中油指纹主要受三方面因素影响而表现出差异性（Zhendi Wang，2007）：首先，原油的形成和聚集过程中的因素，包括原油生源岩本身的有机质特征、热环境以及原油在地层和油井内的运移；其次，原油通过不同的炼制过程获得的成品油，因为炼制过程不同，需求的不同以及运输、储存等过程的不同，不同成品油油指纹不同；最后，油品溢出到环境后的风化和混合，不同的风化过程、不同的环境背景和环境中其他烃类污染源带来的混合，油指纹也会发生不同程度的变化。正是基于油品指纹的这种差异性，通过对溢油和可疑溢油源油样的“油指纹”进行比对，从而实现溢油源的排查和确认，这种方法称为油指纹鉴别。

面对溢油污染现状及造成的危害，如何正确鉴别溢油污染的来源是客观进行环境评价，准确预测溢油风险和开展溢油损失评估，制定和执行恰当的应急措施和选取合适的修复方法的重要基础，同时也是确定责任归属、解决责任纠纷的前提（Zhendi Wang，2007）。油指纹鉴别在海洋、海事行政执法中的作用（张春昌，2001）主要体现在以下两个方面：一是为事故调查处理提供科学有力的证据支持，可以弥补其他现场调查的不足；二是对污染事故调查具有指导作用。通过开展油指纹鉴别，确定溢油来源和种类，可以缩小嫌疑范围，开展有针对性的调查，提高调查效率，缩短调查周期。

油指纹鉴别技术在我国海上溢油事故的处置中多次发挥了重要作用。2006 年年初，在山东长岛附近海域发现溢油，长岛岛屿以及邻近的蓬莱、龙口等地海滩也受到污染。事故调查初期，陆源污染的可能性很快排除，也未发现海上船舶泄漏事故，因此调查目标集中到了渤海海上油田上。经过两个多月的艰苦工作，采集了渤海所有海上石油平台的原油样品，逐一与溢油样进行指纹比对，却始终没有找到溢油源。之后调查部门扩大了调查范围，远赴南海采集了南海海上石油平台原油样品进行鉴定。经过指纹比对，确认了南海番禺油田一个外输原油留存样与溢油样品指纹一致，而装载该原油的船舶经过渤海海峡时曾发生碰撞事故，导致原油泄漏。至此，此次重大溢油事故终于真相大白，现代油指纹鉴定技术在这次事故的调查中发挥了决定性作用。2011 年，渤海发生了蓬莱 19-3 油田溢油事故。在此次事故处置中，溢油源已经明确，但溢油影响范围却有待确定。在这一时期，环渤海岸滩发现了上岸油污，而实际上渤海沿岸常年存在零星的不明来源上岸油污，因此还需要科学证据来确认这些油污是否来自蓬莱 19-3 溢油事故。经多方查找比对，最终通过油指纹鉴定确定了溢油污染区域。

1.5　油指纹鉴别的相关标准和方法

自油指纹鉴别技术体系形成以来，国内外许多从事海洋环境监测调查的环境保护和研究机构先后建立了一些标准化鉴别方法，成为油指纹鉴别的法律依据，如美国材料与试验协会（ASTM）和加拿大环保部的相关标准。1983 年，在欧洲 6 个国家（比利时、丹麦、德国、挪威、葡萄牙和英国）的研究机构在对油类分析研究的基础上，建立了欧洲海上溢油鉴定系统（NT CHEM 001）。在此基础上，经过不断修改完善，2012 年欧洲标准委员会发布了“溢油鉴别——水上石油和石油产品 第 2 部分：基于气相色谱和低分辨气质联用的分析方法和结果解析”（Oil spill identification —Waterborne petroleum and petroleum products Part 2：Analytical methodology and interpretation of results based on GC-FID and GC-MS low resolution analyses，PD CEN/TR 15522-2：2012）。

我国开展溢油鉴别技术研究的时间相对国外稍晚一些，但鉴于溢油鉴别在溢油事故处理中的重要作用，研究人员也一直致力于对溢油鉴别技术的深入研究。1997 年发布了由国家海洋环境监测中心编制的行业标准《海面溢油鉴别系统规范》（HY 043-1997）。该规范是一套完整的海面溢油鉴别技术体系，包含了气相色谱、红外光谱法和荧光光谱法 3 种分析手段以及相应结果解析和判别方法。

进入 21 世纪后，分析技术迅猛发展，尤其是气相色谱和气相色谱质谱联用技术得到了普及，基于这两种分析方法的油指纹鉴定技术在国际上已经成熟起来，鉴定的准确性和可靠性有了很大提高，红外光谱法、荧光光谱法等光谱分析手段由于不能提供精确的组分信息而逐渐被淘汰。在这种情况下，国家海洋局北海环境监测中心建立了利用气相色谱和气相色谱质谱联用技术开展油指纹鉴定的技术体系，编制了国家标准《海面溢油鉴别系统规范》（GB/T 21247-2007），使我国溢油鉴定技术达到了国际先进水平。

第2章　油样采集、储运及分析方法

2.1　油样的采集

2.1.1　油样采集原则

油样的采集至少遵循3个原则，即样品的代表性原则、免受沾污原则和法律有效性原则。所谓样品的代表性原则，是指采集的溢油样品应尽可能覆盖不同的溢油区域和风化状态；采集的可疑溢油源样品应尽可能采集到所有可能的可疑溢油源样品。样品免受沾污原则，是指要避免样品受到溢漏或储存环境、采样器具、样品容器及其他可能的人为污染。样品的法律有效性原则，是为了保证所有采集的溢油样品应具有至少两个采样人的签名；所有采集的可疑溢油源样品应具有采样人和被采样人的签名；样品在运输、传递、储存直至分析过程中，应保证未受沾污、破坏、更改、丢失。

2.1.2　溢油样品采集

2.1.2.1　采样工具的准备

油指纹样品采集往往具有更高的应急性要求，而且由于现场情况复杂，相应的工具也较为复杂多样，平时应将各种可能用到的工具准备齐全，放置于合适的工具箱中，且定期检查和补充，保证工具齐全，便于开展应急监测工作时可随时取用，节省准备工具的时间，保证在尽可能短的时间内赶赴事故海域开展监测。

笔者所在实验室根据实际工作需要，设计了一套溢油应急采样工具箱，包含了海面、岸滩不同溢油状态下采样所需的各类工具，如图2.1、图2.2所示。

2.1.2.2　海面溢油样品采集

海面上的溢油分布，一般为不同厚度的油膜、油带或漂浮的油污颗粒、油块等，不同情况应该采用不同的操作方法。

对于较厚油膜、颗粒及油块，可采用锥形聚乙烯袋或铝箔采样法。采样过程如图2.3所示。实际操作时，可选用合适大小的抄网配合聚乙烯袋进行采集，也可用铝箔手工制作成网兜形状固定在抄网上进行采集。

若乘坐小艇，则可采用铝箔烧烤盒进行采集，如图2.4所示。

样品瓶采用100 mL大小的棕色螺口玻璃瓶，瓶盖带聚四氟乙烯内衬。

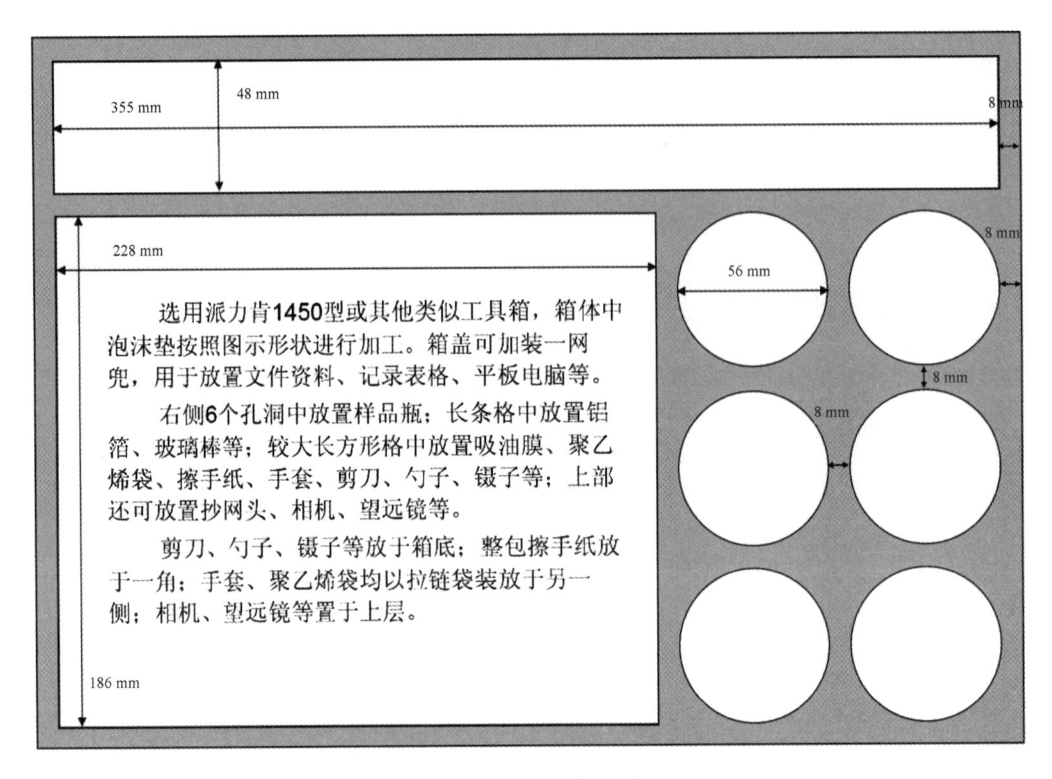

图 2.1　溢油采样工具箱设计示意图

对于很薄的油膜，可采用吸油膜吸附法。如图 2.5 所示。吸油网布为乙烯—四氟乙烯共聚物，具有亲油疏水的特性，而且性质稳定，在油中无有机物溶出。在使用前，可将吸油网布剪成小块或长条状，使用时剪下所需的大小，用夹子连接到鱼竿上，手持鱼竿使网布在油膜上来回拖动，将油污吸附到网布上。吸附上油污的网布直接折叠后放入样品瓶即可。

在一条油带或一片油膜上至少设置 2 个采油点，采集薄油膜样品时，应注意避免样品受其他油（如润滑油、燃料油等）的污染。如果溢油发生在水中含有油类的海湾、河口、港池等典型人为影响的水域，还应采集背景样品。

2.1.2.3　岸滩油污采集

岸滩上的油污分布，一般因岸滩类型的不同和油污染渗透的程度而不同。对于岩石上黏附的油污，应刮下油样，放入样品瓶中。如果油污粘在沙子、海藻或其他材料上，难以刮下，则将受油污染的材料连同油污全部装入瓶中。对于渗透到沙滩一定深度的油污，应该挖出立方坑，进行不同层次的采样，同时观察油污染分布。此外，还要仔细观察岸滩上早期的溢油、焦油球和其他石油来源，以免对样品带来沾污。若有沾污的可能，应采集背景样品。

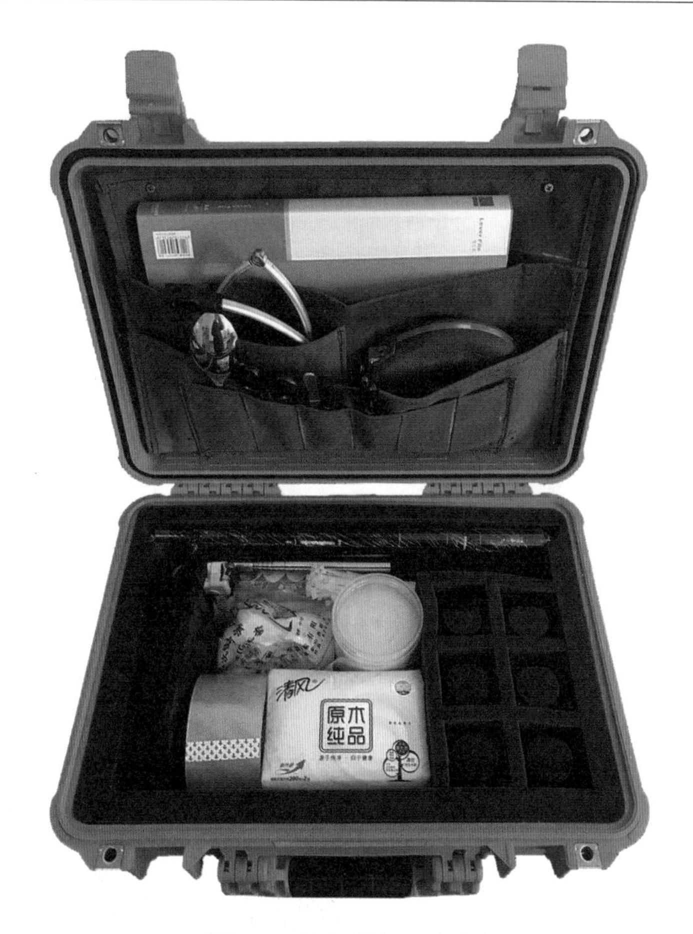

图 2.2　溢油采样工具箱实例

一些大的油污染事故，往往会对海鸟等海洋动物造成污染伤害。从油污的动物身上采样时，应将污油从动物身上轻轻刮下来，避免污油与羽毛或皮毛长时间接触。对于死去的动物，又难以刮下油污，可以将带有油污的动物皮毛或羽毛剪下，放入样品瓶中，或将被油污染的动物尸体冷冻，作为样品运回实验室。

2.1.3　可疑溢油源样品的采集

从船上采集可疑溢油源样品，应对船上全部废油舱、渣油柜和机舱污油水进行采样。对于双层底以上的油舱采样，可通过阀门直接将油放入采样瓶中或通过其各种管路采样。对污水井采样，可采用采样小桶进行和从油舱的人孔、测量开口采样。在油品生产、储运设施包括移动钻井架、固定或锚泊的产油系统、输油管线、油码头、储油罐、运油车辆等，以及油井、石油平台等采样时，应充分了解其生产状况，包括生产工艺、产量、地质层位等，以确定采样数量和采样方法。从油井直接采集的油样，可能含有大量水分和气体且温度较高，须经搅拌、静置，使油水、油气分离且冷却后再装入样品瓶。

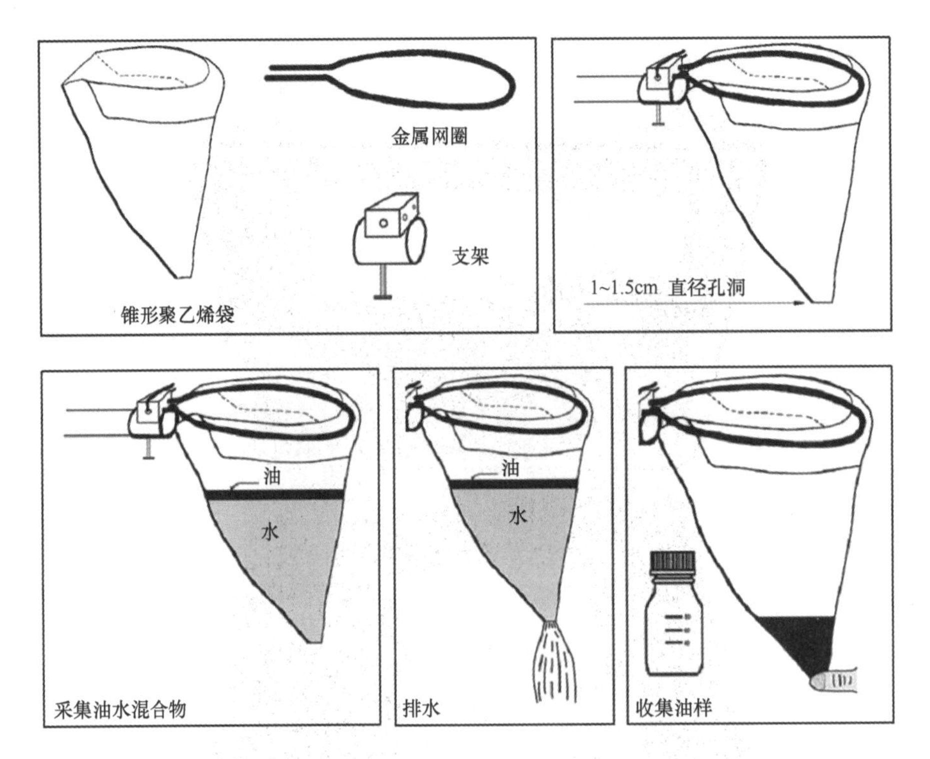

图 2.3 聚乙烯袋采样示意图（引自 Oil Sampling at Sea：Second edition July 2002，Sweden.）

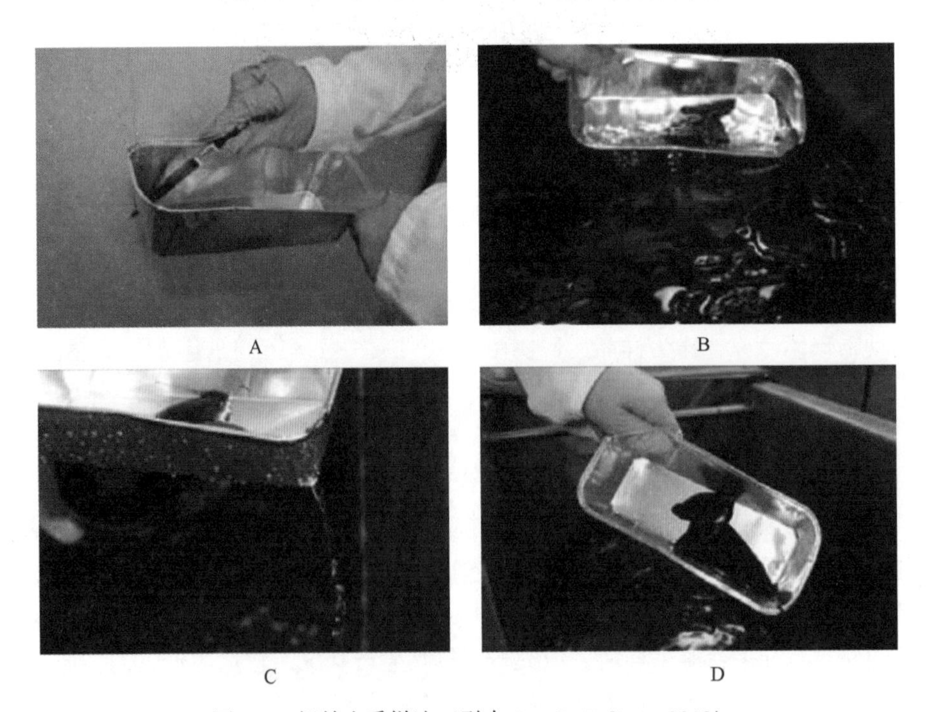

图 2.4 铝箔盒采样法（引自 Per S. Daling，2010）

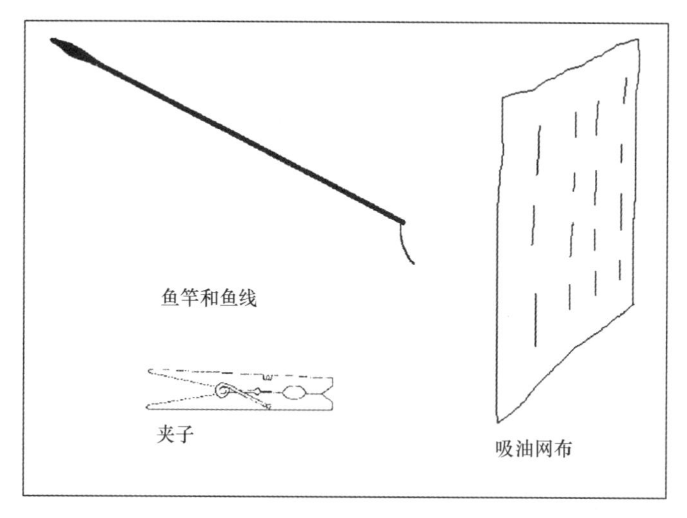

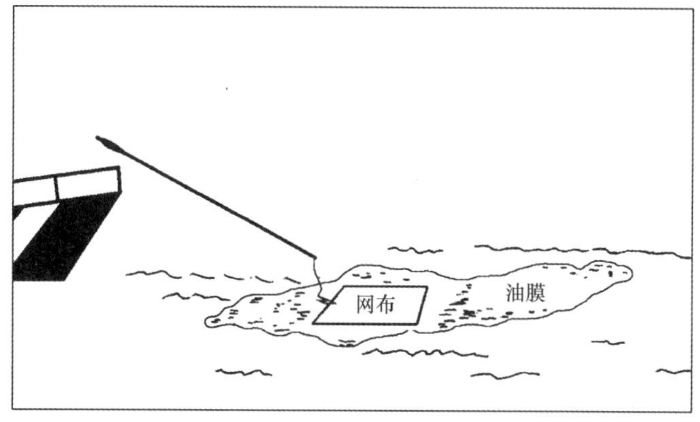

图2.5　吸油网布采样法示意图（引自 Oil Sampling at Sea：Second edition July 2002，Sweden.）

2.2　油样的运输和保存

油样采集后，应立即进行封装，样品瓶中应留出足够的膨胀空间，样品瓶和样品箱应使用柔软、吸油的材料进行包装，以防发生事故。样品箱上锁，存放在低温、避光的环境中；运输过程中应一直保持低温、避光。样品运至实验室后，应存放在冰箱或冷藏库中冷藏，温度保持在0~4℃，冷藏库要具备防火、防爆功能。

2.3　油指纹分析

2.3.1　概述

由于油品组分的复杂，没有一种分析方法可以把油品的所有信息完全表达出来。随着分析技术的发展，各种分析方法被用来进行油品分析，目前实验室常用的油指纹分析方法有：气相色谱法（GC-FID）、气相色谱/质谱法（GC-MS）、红外光谱法（IR）、紫外光谱法（UV）、荧光光谱法、稳定同位素质谱法等。根据所需要的化学、物理信息以及所应用的分析手段，可将油指纹分析方法分为两大类：非特征方法和特征方法。传统的非特征方法包括红外法、紫外荧光光谱法等，这些非特征的方法需要预处理和分析的时间较短，费用不高。但它们的缺点是缺乏详细的组分和石油来源的特性信息，因此在溢油特征及来源鉴别上有一定的局限。溢油鉴别多使用灵活的、多层次的特征分析方法，例如气相色谱法（GC-FID）、气相色谱/质谱法（GC-MS），这些方法可较容易地获取石油烃的特征和数量的详细信息。

2.3.1.1 红外光谱分析法

红外光谱用于海面溢油鉴别是以油品各极性组分的振动光谱为鉴别指标（戴云从等，1983）。在红外区（4 000~400 cm^{-1}）不同油品有不同的特征光谱，可能的差异主要表现为光谱形状（轮廓）、谱带数目、位置和强度，这些统称为油的“指纹”。来源不同的各种油“指纹”间不但有着充分差异，而且谱带随风化的变化也各不相同，比较溢油与可疑溢油源样品的红外光谱即可进行溢油源鉴别。目前，在运用红外光谱法进行海面溢油鉴别中，普遍采用全面的谱图解析（配比）与油品指纹数字化识别相结合的方式，该法具有覆盖油品范围广、样品用量少、分析快速简便、不破坏样品、成本低、重现性好等特点。近年来发展的近红外光谱分析技术作为一种快速在线、无损分析技术，在油品分析鉴别中得以应用。不过，红外光谱通常会遇到峰交叉覆盖的问题，如果不采取后期处理，会影响谱图鉴别。

2.3.1.2 荧光光谱分析法

通常所指的荧光是指紫外—可见光荧光，即某些物质受到紫外—可见光照射后，发射出比吸收的紫外—可见光波长更长或相等的紫外—可见光荧光。各种油品在不同激发波长下各有各的荧光响应，从而可以得到各种油的特征荧光光谱。目前，用于油指纹鉴别的荧光光谱主要有：普通荧光光谱、同步荧光光谱、三维荧光光谱、低温荧光光谱、磷光光谱、导数荧光光谱等。普通荧光光谱的谱图结构较明显，一般可根据特征峰的峰数、特征峰的位置及整个峰形来进行综合判断。同步荧光光谱提供了一种在三维空间发射光谱中选择特征峰的手段，因此较普通荧光光谱有了较大进步，比普通荧光光谱更具对某种复杂混合物的表征能力，增加了辨别油样的可能性。三维荧光光谱描述荧光强度同时随激发波长和发射波长变化的谱图，反映出更多的信息。荧光光谱法，尤其是三维荧光光谱法对于不同类型的油品可以进行一定程度的鉴别，但对同一类油品的鉴别有难度，尤其是比较相近的油品。荧光光谱法具有灵敏度高、选择性好、试样量少、分析结果快速、适用于现场操作等优点。

2.3.1.3 气相色谱法和气相色谱—质谱法（GC，GC/MS）

气相色谱法是以气体作为流动相的色谱分析法。气相色谱分离是利用试样中各组分在色谱柱中的流动相和固定相间的分配系数不同，当汽化后的试样被载气带入色谱柱中运行时，组分就在其中的两相间进行反复多次的分配（吸附—脱附或溶解—放出）。由于固定相对各组分的吸附或溶解能力不同（即保留作用不同），各组分在色谱柱中的运行速度就不同，经过一定的柱长后，便彼此分离，顺序离开色谱柱进入检测器，产生的离子流信号经放大后，记录在记录纸或计算机上。

气相色谱法的优点在于可以将复杂的油品分离成单个组分进行检测，得到精确的组分信息。然而原油的组成太过复杂，仅仅使用气相色谱在很多组分的定性上还存在困难，随着质谱技术的兴起，则很好地解决了这一问题，使油指纹鉴定技术水平又有了一个质的提高。质谱仪一直以来由于它的高灵敏度、高选择性以及对化合物结构的解析能力而被公认为是功能最强的气相色谱检测器。质谱所提供用于分析鉴别样品组分的定性、定量信息，正是其他气相色谱检测器缺少的。将气相色谱和质谱联用，相当于将质谱作为气相色谱的检测器，样品经气相色谱分离后，单个的组分进入质谱，可以对组分进行准确定性和选择性识别，从而得到更多的组分信息，得出更为可靠的鉴定结论。

2.3.1.4　稳定同位素质谱分析法

稳定同位素质谱分析法通过分析可以获得总烃同位素组成和单体烃同位素组成，稳定同位素比值的抗风化性是其用于油指纹鉴别的最大优点。当溢油样品分子组成受环境的影响非常严重，以至于溢油样品与可疑油源样品之间无法获得任何有意义的相关性关系时，稳定碳同位素比值测定可以提供可信赖的方法来获得溢油样品与可疑油源样品之间相关性关系。在轻质油中，当传统的标志性化合物，如甾萜类化合物含量很低时，稳定同位素比值可以提供可靠的溢油鉴定方法，但大部分情况下，稳定同位素比值仅作为溢油鉴定的补充方法。

2.3.2　气相色谱和气相色谱质谱油指纹分析法

2.3.2.1　样品处理

在海上和岸滩上采集到的油污样品一般表现为如下几种情况：纯油；一瓶表面漂有油花或油膜或水中有悬浮油滴的水样；用乙烯—四氟乙烯共聚物（ETFE）或吸油毡吸附的油污；乳化的油块，焦油球，鸟、鱼等动物身上粘附的油等，不同样品处理的方法也不尽相同。对于纯油，一般可直接称重，溶解，萃取，浓缩。对于水上和水中的油，则要先将水分离，然后溶剂萃取，无水硫酸钠干燥，再浓缩。对于乙烯—四氟乙烯共聚物（ETFE）或吸油毡上的油污，要先用溶剂溶解提取，无水硫酸钠干燥，再浓缩。对于乳化的油块，要先取出游离水，用溶剂提取，干燥，浓缩。对于焦油球，要用溶剂溶解提取，无水硫酸钠干燥，再浓缩。对于鸟、鱼等动物身上粘附的油，先小心将油刮下来，然后用溶剂溶解，过滤掉杂质，再干燥，浓缩。为了获得有代表性油样指纹，最好在不同部位取两份油样，同时要考虑背景的影响。为了进行定量分析，一般需要在处理过程中加入内标和替代标准。

油样的指纹分析目前有两种方式。一种是分不同烃组分分析，这就需要样品在浓缩前，采用不同溶剂，利用硅胶柱将油分离出饱和烃和芳香烃，具体步骤为：在带有聚四氟乙烯活塞层析柱底部加硼硅玻璃棉，并用丙酮、正己烷、二氯甲烷依次冲洗，然后晾干，用干法通过拍打方式加入 3 g 活化硅胶，顶部放入 0.5 cm 的无水硫酸钠，层析柱用 20 mL 正己烷调节，弃掉流出液。待无水硫酸钠表面刚刚曝露空气之前，加入 200 μL 油溶液，加入 100 μL 替代标准，加入 3 mL 的正己烷冲洗，弃掉流出液，然后再用 12 mL 的正己烷冲洗，洗出液为饱和烃（F1）。用 15 mL 的苯和正己烷的混合液（体积比 1∶1）用来洗出芳香烃（F2）。F1 用氮吹仪浓缩到约 0.8 mL，加入 100 μL 正构烷烃内标、100 μL 甾、萜烷类内标。F1 进气相色谱仪进行正构烷烃、姥鲛烷和植烷的分析，对 F1 中的甾、萜烷类使用气相色谱-质谱联用仪进行分析。F2 浓缩到约 0.9 mL，再加入 100 μL 多环芳烃内标，使用气相色谱-质谱联用仪进行分析。另一种是全组分分析，即样品不需要过柱分离，直接经过浓缩过程，上机分析。组分分离后的油指纹分析可以获得较纯净的饱和烃和多环芳烃的图谱，二者之间不互相干扰，但过柱分离过程和处理过程时间的增加会造成轻组分损失。不分离的分析能够获得“全油”信息，组分损失少，谱图重现性好，但有些组分谱图之间有干扰。两种方法的使用在实际溢油鉴别中要根据情况而定。

2.3.2.2 仪器分析条件

1）气相色谱仪

色谱柱为 30 m×（0.25~0.32）mm 的 DB-5 毛细管色谱柱（或等效的毛细管色谱柱）。载气最好用氦气，流速为 1~2.5 mL/min；进样口温度为 290~300℃；检测器温度为 300~310℃；升温程序为 50℃保持 2 min，以 6℃/min 的速度升到 300℃，在 300℃保持 16 min；进样量为 1 μL；进样方式为不分流；进样时间为 1 min。

2）气相色谱质谱仪

（1）仪器调谐：向离子源中注入标准物质，调节仪器内部各元件参数，获得正确的质量数和适宜的离子相对丰度，将此时的仪器参数用于样品分析，则能得到正确的分析结果。

（2）检测器电压：检测器电压根据调谐结果设定。电压值若太低则待测组分可能难以得到足够的信号强度，影响分析结果；若太高，则不利于仪器的长期使用，影响其寿命，还可能使样品组分响应值太高而超出仪器承受范围。

（3）离子源温度：离子源是进行离子化的部件，其温度影响离子碎片的产生，一般设置在 200~250℃。

（4）接口温度：气相色谱到质谱连接部分叫做接口（interface），该温度一般高于离子源温度，但不能过高，与离子源产生较大的温差，也不能过低避免样品组分冷凝。

（5）扫描方式：质谱扫描方式有两种：全扫描（scan）和选择离子扫描（sim）。scan 方式主要用于物质的定性，在对目标分析物已经定性之后，则采用 sim 方式进行样品分析，因其具有高度选择性能获得更高的信号强度。

（6）质量范围：对某一离子进行扫描时，仪器扫描的是一个质量范围。该范围与质谱的分辨率（能力）和质量亏损相关（名义质量数与实际质量数差值）。

（7）阈值：分析时检测器会接收到大量噪音信号，应当将这些信号滤去。将阈值设置为一个合适的值，使大部分噪音信号不被检测，又不使有用的信号被当作噪音除去。

（8）采样速度：采样速度影响到质谱分析的精确性和准确性，速度过低可能丢失小峰或造成谱图失真，但过高又会增大数据量，因此应当在这两个因素之间进行权衡。

2.3.2.3　石油烃组分定性

对于正构烷烃（包括姥鲛烷、植烷）的定性方法，通常有根据标准物质保留时间定性、计算保留指数并与文献比较、根据分布规律定性等方法。气相色谱进行油指纹分析的主要目标组分是正构烷烃、姥鲛烷、植烷，而正构烷烃、姥鲛烷和植烷的色谱图具有非常明显的特征，不同碳数的正构烷烃系列呈均匀间隔分布；姥鲛烷、植烷在油品中具有显著的浓度，且分别紧随正十七烷、正十八烷出峰，因此可以根据其分布特征对正构烷烃（包括姥鲛烷、植烷）进行准确定性，尤其是对于正构烷烃含量高的油品。同时在油样分析时，一般也要对标准物质进行分析，根据其保留时间和计算保留指数进行定性。

对于甾萜类生物标志物和芳烃的定性，质谱仪具有其他方法难以比拟的优点。一种物质若能与其他物质完全分离开来，并且具有足够的浓度，则通过其质谱图就可能确定该物质。油气地球化学对于油品中的物质已经进行了很深入的研究，其中许多物质的分布具有明显的规律，利用质量色谱图，结合质谱图，可以得到很好的定性结果。石油中多环芳烃的鉴定和识别需将质谱分析数据与标准化合物的色谱保留数据对比，计算出其保留指数，并与文献中这些化合物的保留指数进行比较。多环芳烃保留指数 I_X 的计算公式如下：

$$I_X = 100N + 100 \times \frac{t_{R(X)} - t_{R(N)}}{t_{R(N+1)} - t_{R(N)}} \tag{2.1}$$

式中：$t_{R(X)}$ 为组分 X 的保留时间；N，$N+1$ 为选定的多环芳烃参比物的环数（萘：2，菲：3，屈：4，苭：5）；$t_{R(N)}$ 为在组分 X 之前流出的多环芳烃参比物保留时间；$t_{R(N+1)}$ 为在组分 X 之后流出的多环芳烃参比物保留时间。

各种化合物特征离子为：

正构烷烃	m/z 85
烷基环己烷	m/z 83
甲基-烷基环己烷	m/z 97
异构烷烃、类异戊二烯	m/z 113、183
倍半萜	m/z 123
单金刚烷	m/z 135、136、149、163、177
双金刚烷	m/z 187、188、201、215
三、四、五环萜烷	m/z 191
25-降藿烷	m/z 177

28，30-二降藿烷　　m/z 163、191

甾烷　　m/z 217、218

5α（H）-甾烷　　m/z 149、217、218

5β（H）-甾烷　　m/z 151、217、218

重排甾烷　　m/z 217、218、259

甲基甾烷　　m/z 217、218、231、232

单芳甾烷　　m/z 253

三芳甾烷　　m/z 231

多环芳烃　　m/z 128、134、138、142、148、152、154、156、162、166、168、170、176、178、180、184、190、192、194、198、202、206、208、212、216、220、226、228、230、234、240、242、244、256、270、284

表 2.1　正构烷烃、姥鲛烷、植烷定性表

峰号	化合物名称	简写	峰号	化合物名称	简写
1	正壬烷	nC9	18	正二十六烷	nC26
2	正癸烷	nC10	19	正二十七烷	nC27
3	正十一烷	nC11	20	正二十八烷	nC28
4	正十二烷	nC12	21	正二十九烷	nC29
5	正十三烷	nC13	22	正三十烷	nC30
6	正十四烷	nC14	23	正三十一烷	nC31
7	正十五烷	nC15	24	正三十二烷	nC32
8	正十六烷	nC16	25	正三十三烷	nC33
9	正十七烷	nC17	26	正三十四烷	nC34
10	正十八烷	nC18	27	正三十五烷	nC35
11	正十九烷	nC19	28	正三十六烷	nC36
12	正二十烷	nC20	29	正三十七烷	nC37
13	正二十一烷	nC21	30	正三十八烷	nC38
14	正二十二烷	nC22	31	正三十九烷	nC39
15	正二十三烷	nC23	32	姥鲛烷	Pr
16	正二十四烷	nC24	33	植　烷	Ph
17	正二十五烷	nC25			

注：峰号对应于图 2.6。

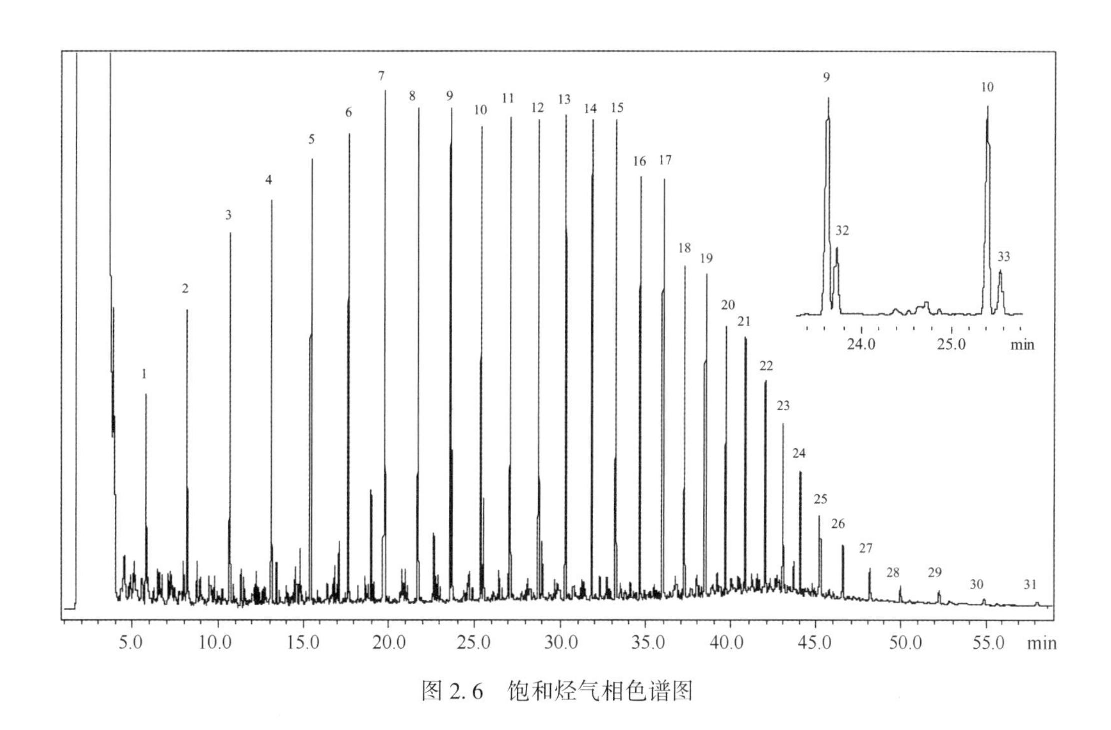

图 2.6　饱和烃气相色谱图

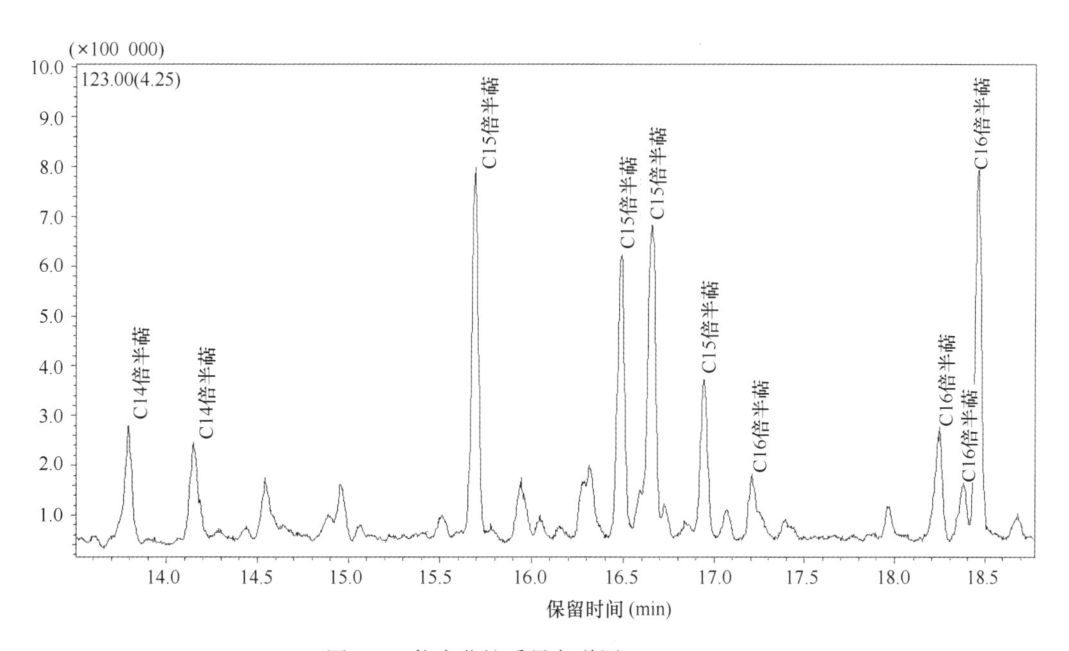

图 2.7　倍半萜烷质量色谱图（m/z 123）

表 2.2　倍半萜烷定性表

序号	中文	英文名称	简称
1	C14 倍半萜	C14H26-sesquiterpane	SES1
2	C14 倍半萜	C14H26-sesquiterpane	SES2
3	C15 倍半萜	C15H28-sesquiterpane	SES3
4	C15 倍半萜	C15H28-sesquiterpane	SES4
5	C15 倍半萜	C15H28-8β（H）-drimane	SES5
6	C15 倍半萜	C15H28-sesquiterpane	SES6
7	C16 倍半萜	C15H28-sesquiterpane	SES7
8	C16 倍半萜	C16H30-sesquiterpane	SES8
9	C16 倍半萜	C16H30-sesquiterpane	SES9
10	C16 倍半萜	C16H30-8β（H）-homodrimane	SES10

表 2.3　萜烷、藿烷定性表

峰号	中文名称	英文名称	简称
1	C20 三环萜烷	C20 tricyclic terpane	C20Tr
2	C21 三环萜烷	C21 tricyclic terpane	C21Tr
3	C22 三环萜烷	C22 tricyclic terpane	C22Tr
4	C23 三环萜烷	C23 tricyclic terpane	C23Tr
5	C24 三环萜烷	C24 tricyclic terpane	C24Tr
6	C25 三环萜烷	C25 tricyclic terpane	C25Tr
7	C26 三环萜烷	C26 tricyclic terpane	C26Tr
8	C26 三环萜烷+C24 四环萜烷	C26 tricyclic terpane+ C24 tetracyclic terpane	C26Tr+ C24Te
9	18α（H），21β（H）-22， 29，30-三降藿烷（Ts）	18α（H），21β（H）-22，29， 30-trisnorphane（Ts）	27Ts
10	17α（H），21β（H）-22， 29，30-三降藿烷（Tm）	17α（H），21β（H）-22，29， 30-trisnorphane（Tm）	27Tm
11	17α（H），21β（H）-25-降藿烷	17α（H），21β（H）-25-norhopane	25Nor
12	17α（H），21β（H）-30-降藿烷+ 18α（H）-30-降新藿烷（C_{29}Ts）	17α（H），21β（H）-30-norhopane+ 18α（H）-30-norneohopane	29ab +29Ts
13	C30 重排藿烷	C30 diahopane	30d
14	17β（H），21α（H）-30-降莫烷	17β（H），21α（H）-30-norhopane	29ba

续表 2.3

峰号	中文名称	英文名称	简称
15	奥利烷	Oleanane	30O
16	17α（H），21β（H）-藿烷	17α（H），21β（H）-hopane	30ab
17	17β（H），21α（H）-莫烷	17β（H），21α（H）-hopane	30ba
18	22S-17α（H），21β（H）-升藿烷	22S-17α（H），21β（H）-homohopane	31abS
19	22R-17α（H），21β（H）-升藿烷	22R-17α（H），21β（H）-homohopane	31abR
20	伽马蜡烷	Gammacerane	30G
21	22S-17α（H），21β（H）-二升藿烷	22S-17α（H），21β（H）-bishomohopane	32abS
22	22R-17α（H），21β（H）-二升藿烷	22R-17α（H），21β（H）-bishomohopane	32abR
23	22S-17α（H），21β（H）-三升藿烷	22S-17α（H），21β（H）-trishomohopane	33abS
24	22R-17α（H），21β（H）-三升藿烷	22R-17α（H），21β（H）-trishomohopane	33abR
25	22S-17α（H），21β（H）-四升藿烷	22S-17α（H），21β（H）-tetrakishomohopane	34abS
26	22R-17α（H），21β（H）-四升藿烷	22R-17α（H），21β（H）-tetrakishomohopane	34abR
27	22S-17α（H），21β（H）-五升藿烷	22S-17α（H），21β（H）-pentakishomohopane	35abS
28	22R-17α（H），21β（H）-五升藿烷	22R-17α（H），21β（H）-pentakishomohopane	35abR

注：峰号对应于图 2.8、图 2.9。

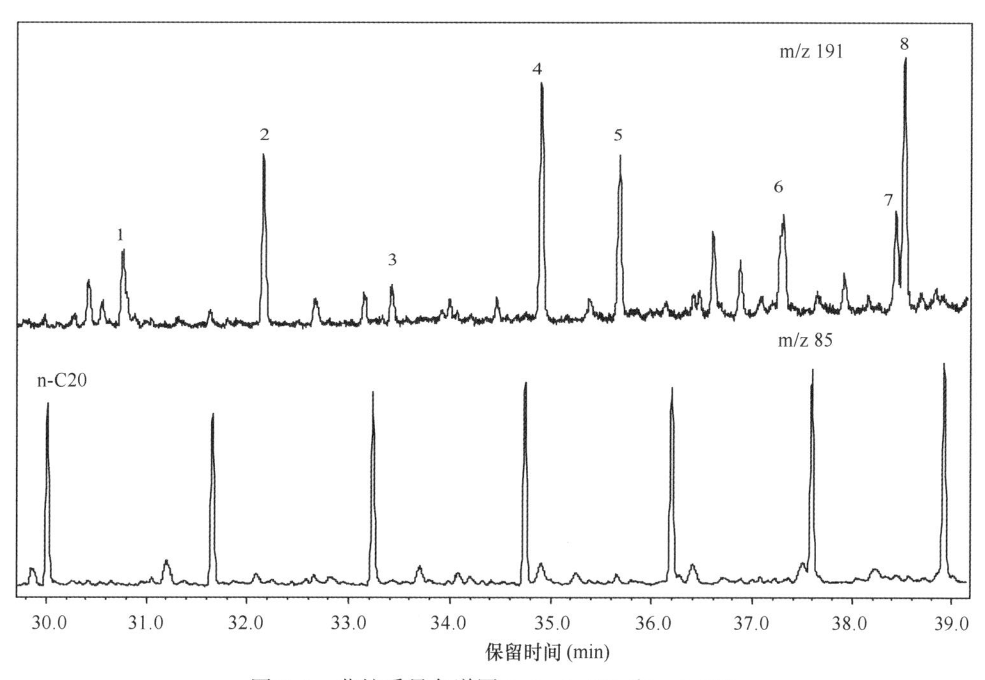

图 2.8　萜烷质量色谱图 1（m/z 191 和 m/z 85）

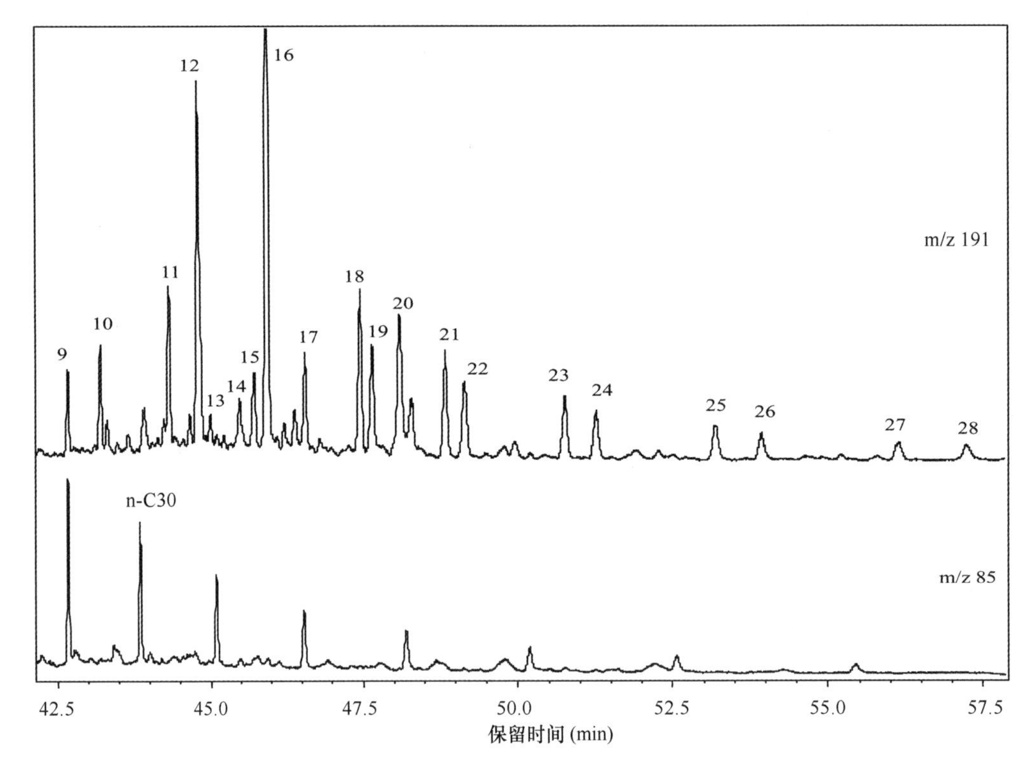

图 2.9　萜烷质量色谱图 2（m/z 191 和 m/z 85）

表 2.4　甾烷定性表

峰号	中文名称	英文名称	简称
1	C21 5α（H）-孕甾烷	C21 5α（H）Pregnane	
2	C22 5α（H）-升孕甾烷	C22 5α（H）HomoPregnane	
3	20S-10α（H），13β（H），17α（H）重排胆甾烷	20S-10α（H），13β（H），17α（H）diasterane	27dbS
4	20R-10α（H），13β（H），17α（H）重排胆甾烷	20R-10α（H），13β（H），17α（H）diasterane	27dbR
5	20S-5α（H），14α（H），17α（H）-胆甾烷	20S-5α（H），14α（H），17α（H）-cholestane	27aaS
6	20R-5α（H），14β（H），17β（H）-胆甾烷	20R-5α（H），14β（H），17β（H）-cholestane	27bbR
7	20S-5α（H），14β（H），17β（H）-胆甾烷	20S-5α（H），14β（H），17β（H）-cholestane	27bbS
8	20R-5α（H），14α（H），17α（H）-胆甾烷	20R-5α（H），14α（H），17α（H）-cholestane	27aaR
9	20S-5α（H），14α（H），17α（H）-24-甲基胆甾烷	20S-5α（H），14α（H），17α（H）-ergostane	28aaS

续表 2.4

峰号	中文名称	英文名称	简称
10	20R-5α（H），14β（H），17β（H）-24-甲基胆甾烷	20R-5α（H），14β（H），17β（H）-ergostane	28bbR
11	20S-5α（H），14β（H），17β（H）-24-甲基胆甾烷	20S-5α（H），14β（H），17β（H）-ergostane	28bbS
12	20R-5α（H），14α（H），17α（H）-24-甲基胆甾烷	20R-5α（H），14α（H），17α（H）-ergostane	28aaR
13	20S-5α（H），14α（H），17α（H）-24-乙基胆甾烷	20S-5α（H），14α（H），17α（H）-stigmastane	29aaS
14	20R-5α（H），14β（H），17β（H）-24-乙基胆甾烷	20R-5α（H），14β（H），17β（H）-stigmastane	29bbR
15	20S-5α（H），14β（H），17β（H）-24-乙基胆甾烷	20S-5α（H），14β（H），17β（H）-stigmastane	29bbS
16	20R-5α（H），14α（H），17α（H）-24-乙基胆甾烷	20R-5α（H），14α（H），17α（H）-stigmastane	29aaR

注：峰号对应于图 2.10、图 2.11。

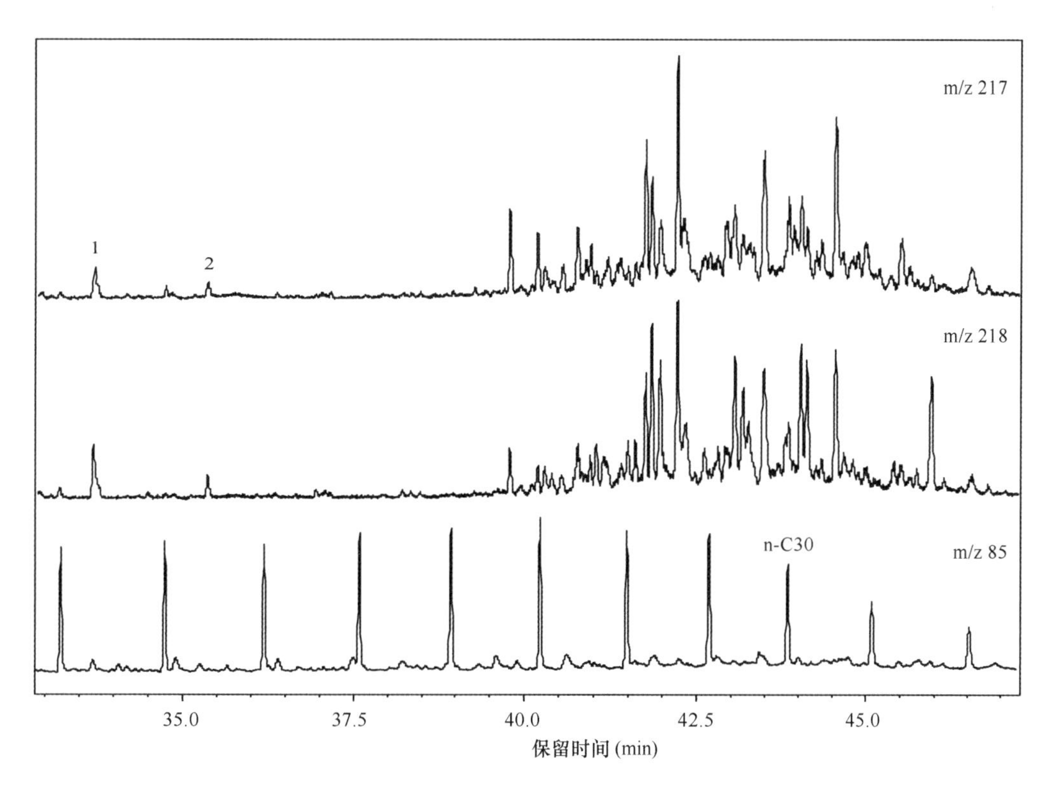

图 2.10　甾烷质量色谱图 1（m/z 217、m/z 218、m/z 85）

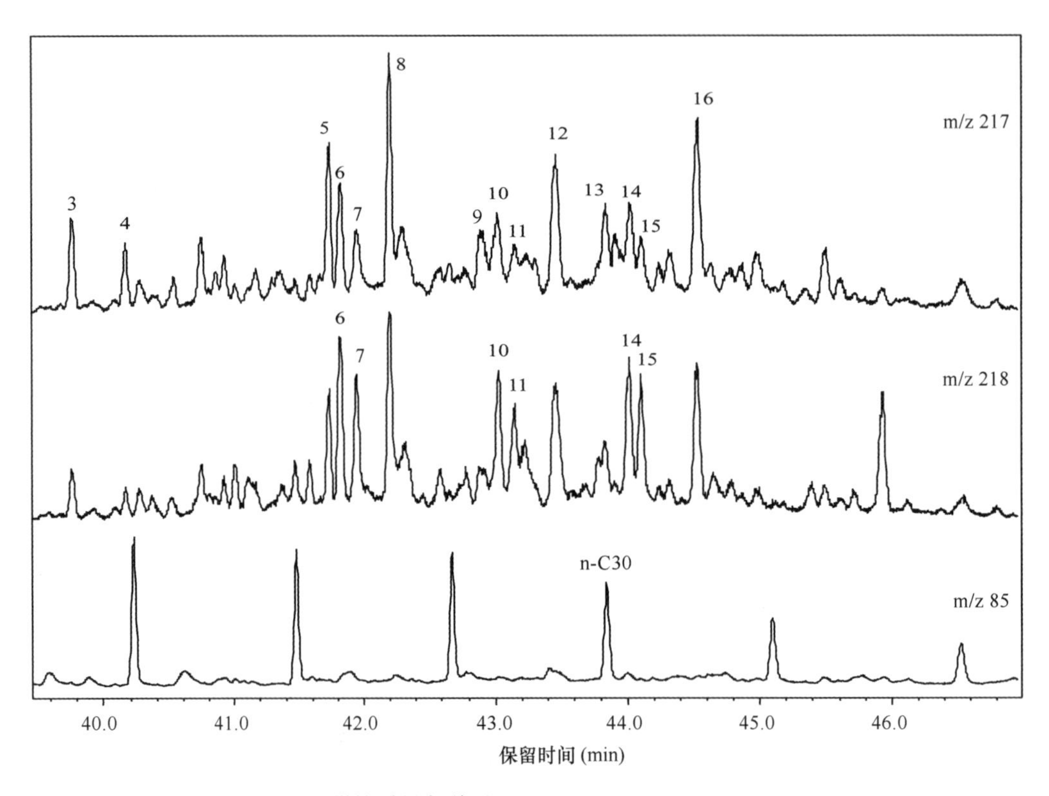

图 2.11　甾烷质量色谱图 2（m/z 217、m/z 218、m/z 85）

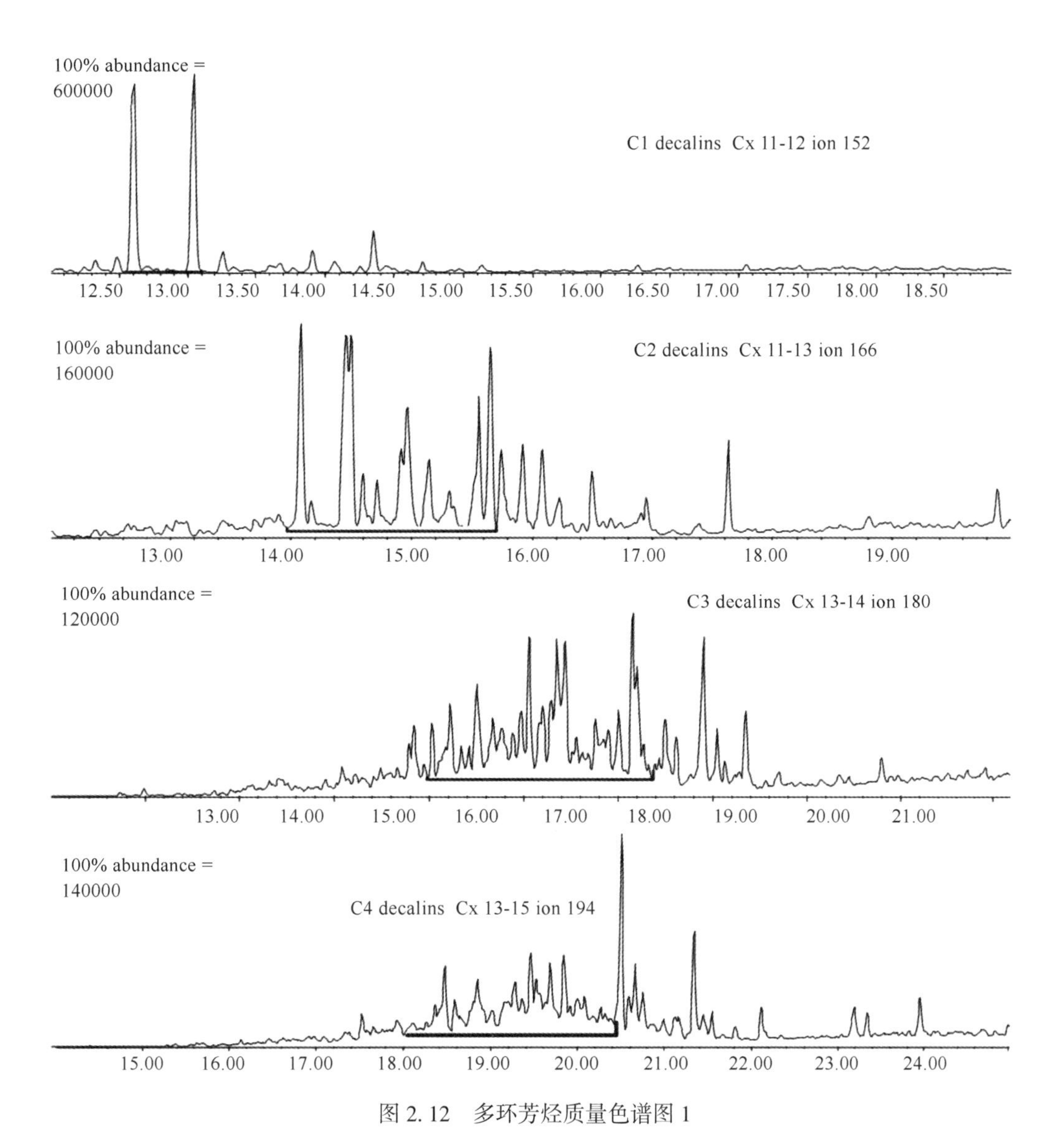

图 2.12 多环芳烃质量色谱图 1

引自 Oil spill identification-Waterborne petroleum and petroleum products Part 2：Analytical methodology and interpretation of results based on GC-FID and GC-MS low resolution analyses，PD CEN/TR 15522-2：2012，BSI Standards Publication，2012

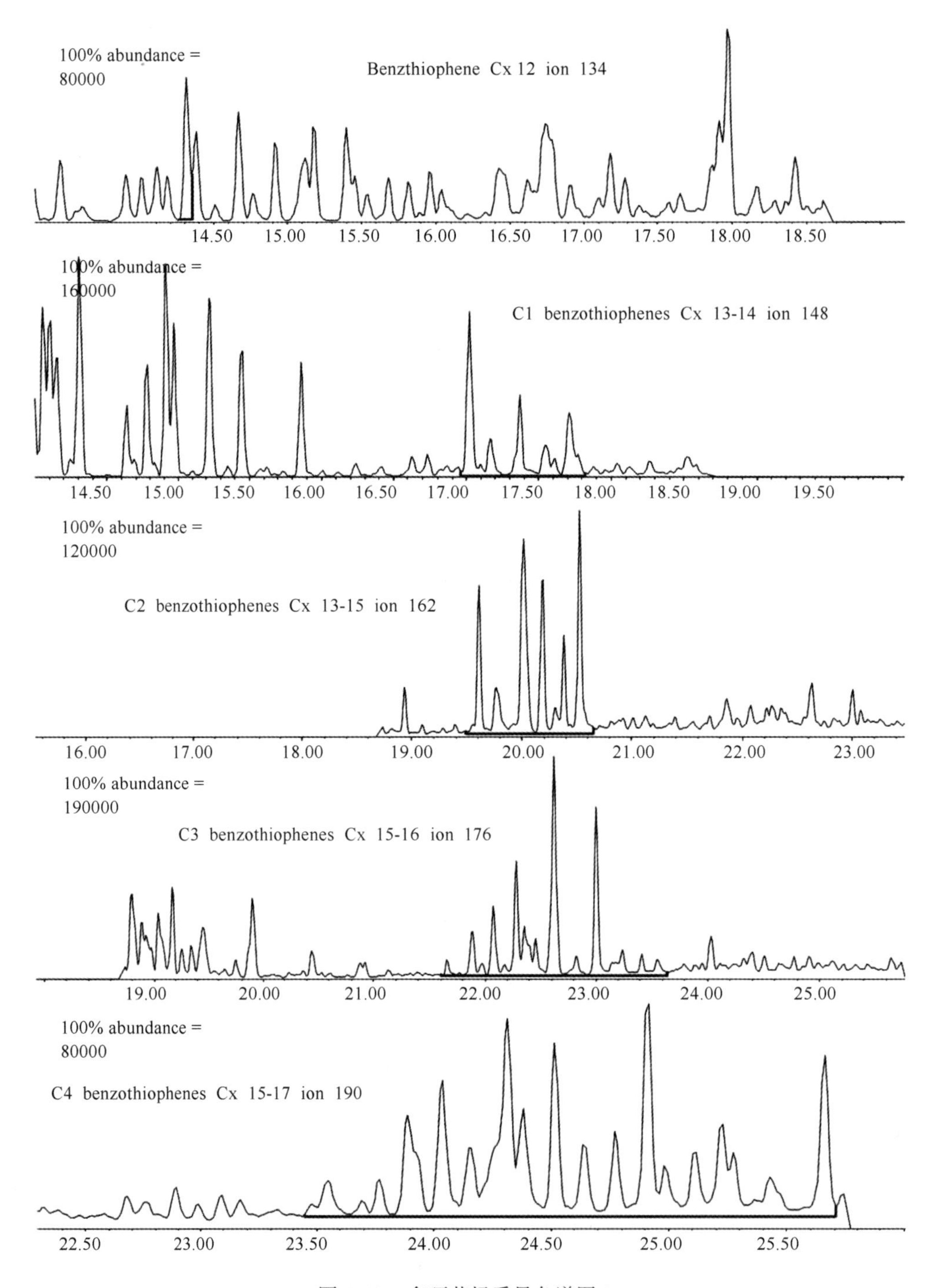

图 2.13 多环芳烃质量色谱图 2

引自 Oil spill identification-Waterborne petroleum and petroleum products Part 2: Analytical methodology and interpretation of results based on GC-FID and GC-MS low resolution analyses, PD CEN/TR 15522-2: 2012, BSI Standards Publication, 2012

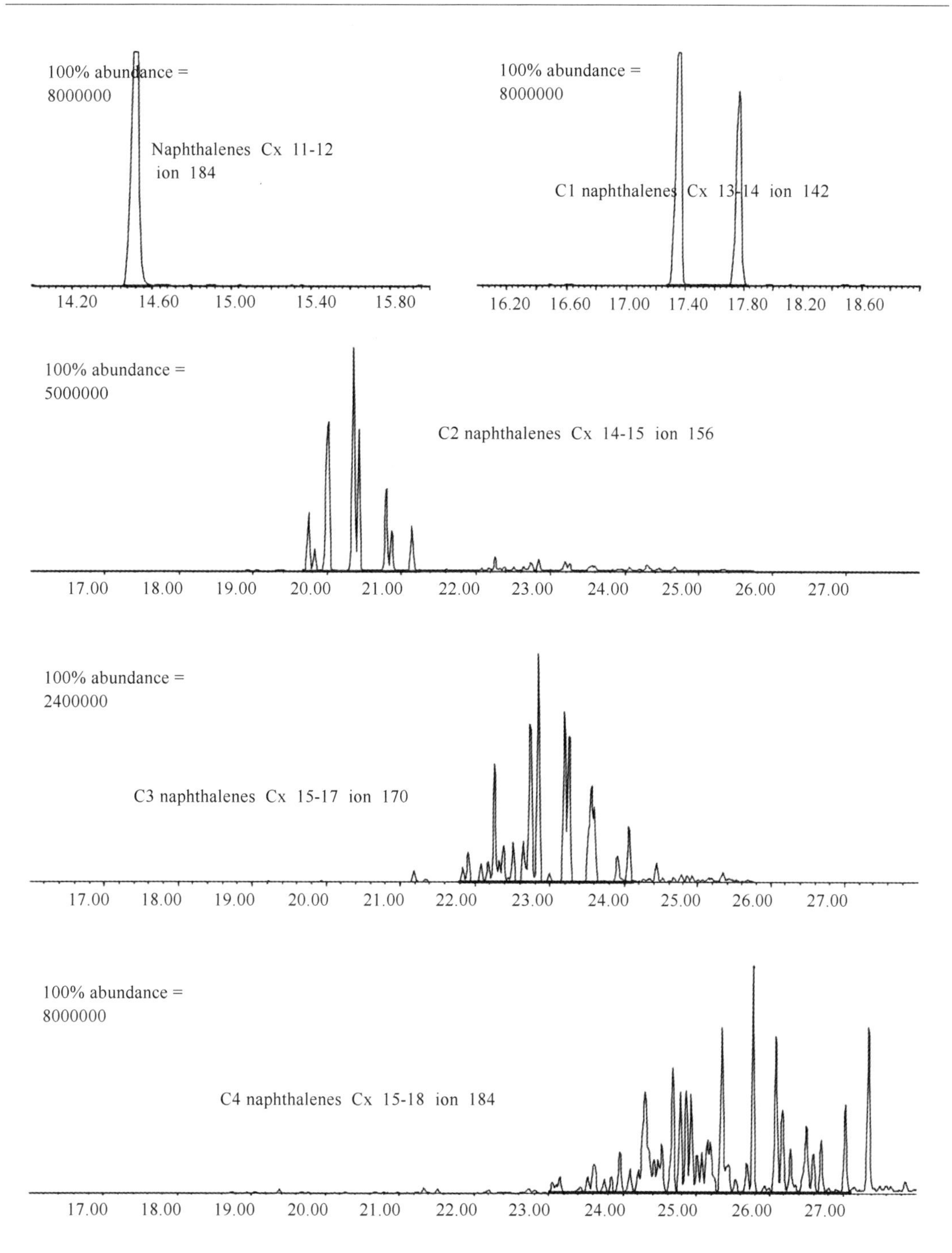

图 2.14 多环芳烃质量色谱图 3

引自 Oil spill identification-Waterborne petroleum and petroleum products Part 2：Analytical methodology and interpretation of results based on GC-FID and GC-MS low resolution analyses，PD CEN/TR 15522-2：2012，BSI Standards Publication，2012

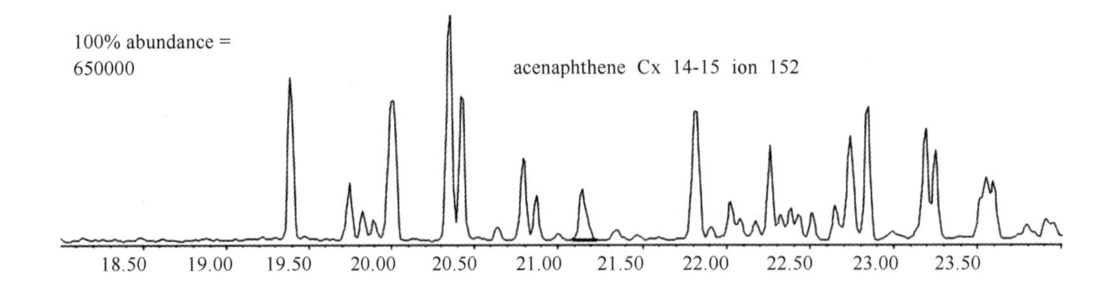

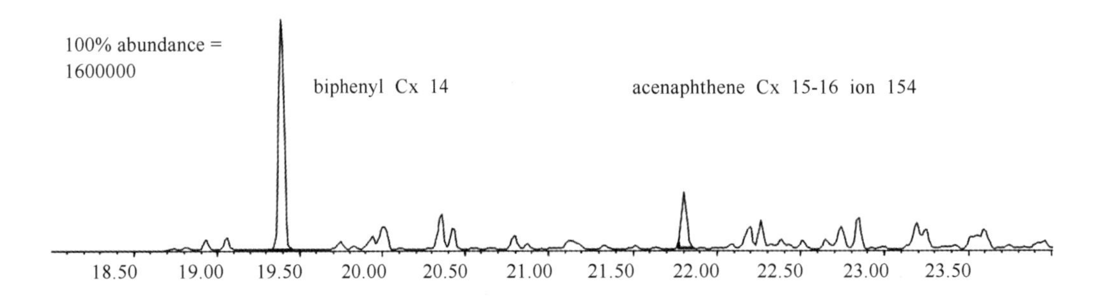

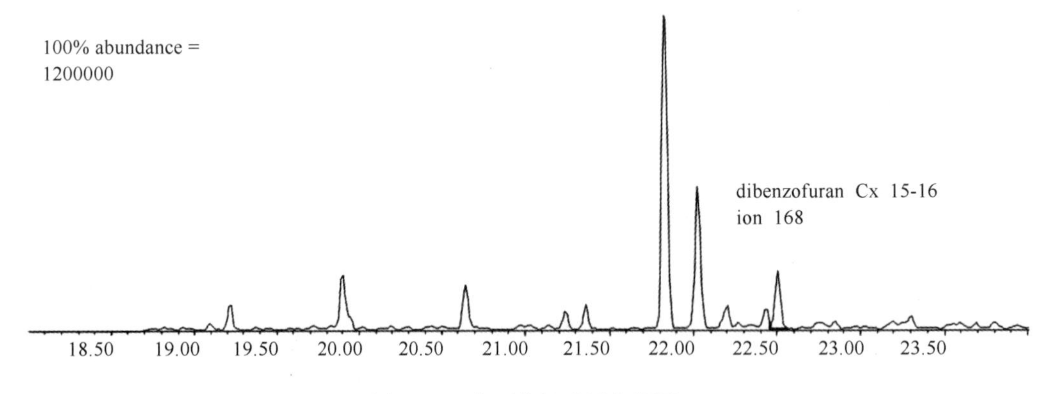

图 2.15 多环芳烃质量色谱图 4

引自 Oil spill identification-Waterborne petroleum and petroleum products Part 2：Analytical methodology and interpretation of results based on GC-FID and GC-MS low resolution analyses，PD CEN/TR 15522-2：2012，BSI Standards Publication，2012

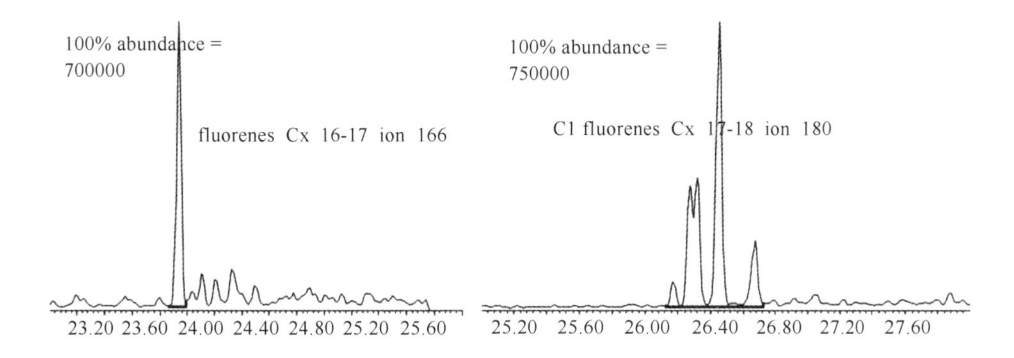

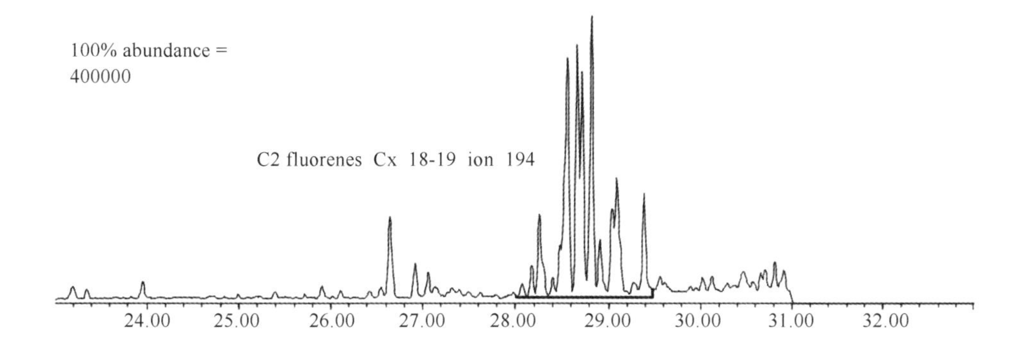

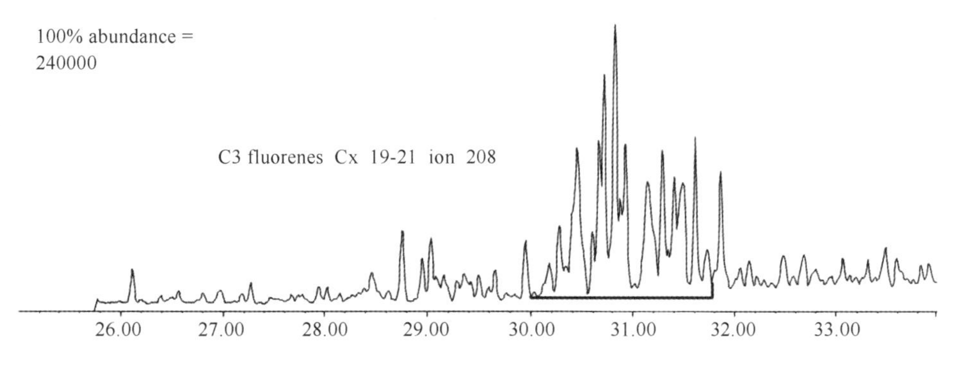

图 2.16　多环芳烃质量色谱图 5

引自 Oil spill identification−Waterborne petroleum and petroleum products Part 2：Analytical methodology and interpretation of results based on GC−FID and GC−MS low resolution analyses，PD CEN/TR 15522−2：2012，BSI Standards Publication，2012

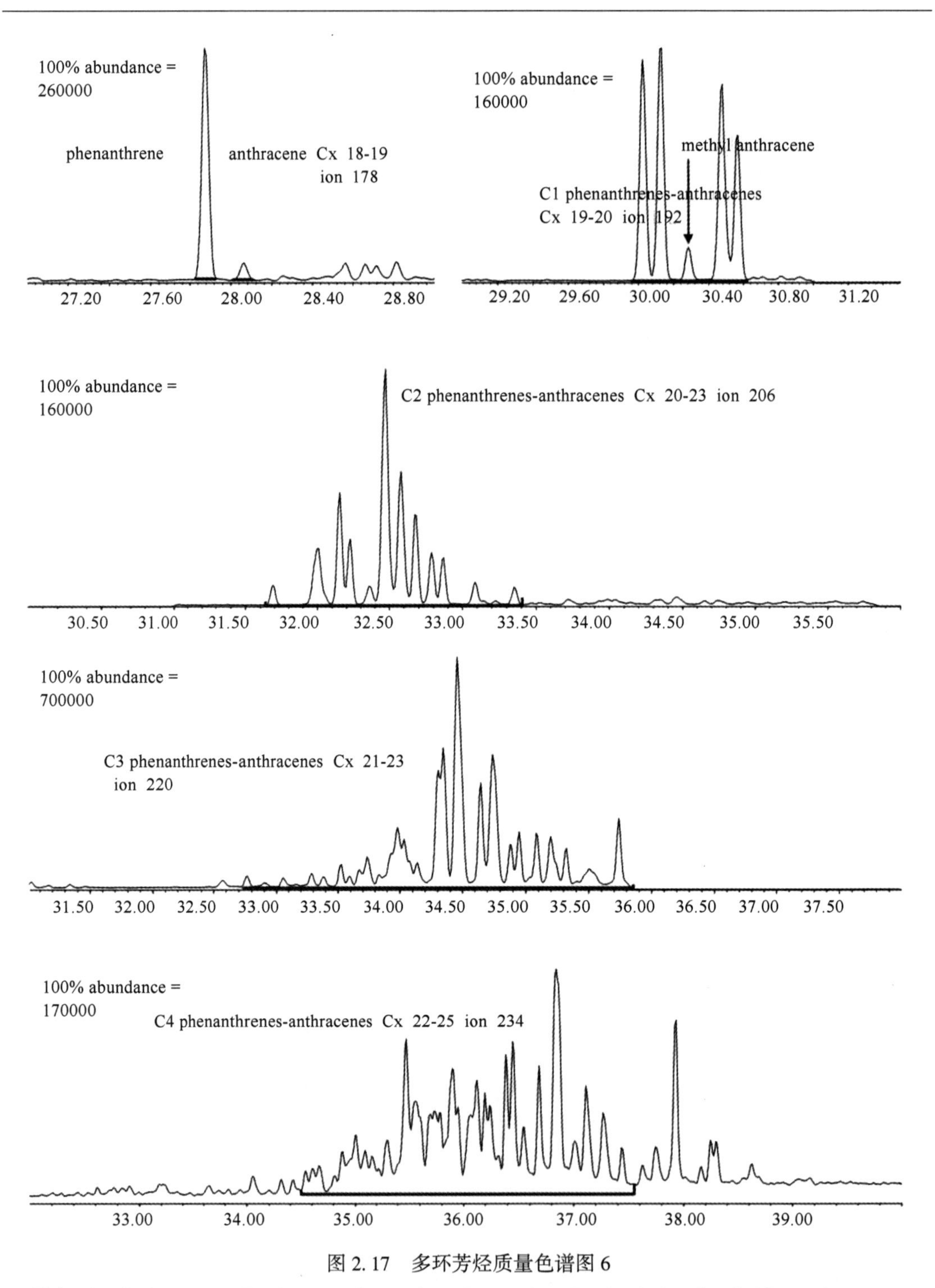

图 2.17 多环芳烃质量色谱图 6

引自 Oil spill identification-Waterborne petroleum and petroleum products Part 2：Analytical methodology and interpretation of results based on GC-FID and GC-MS low resolution analyses, PD CEN/TR 15522-2：2012, BSI Standards Publication, 2012

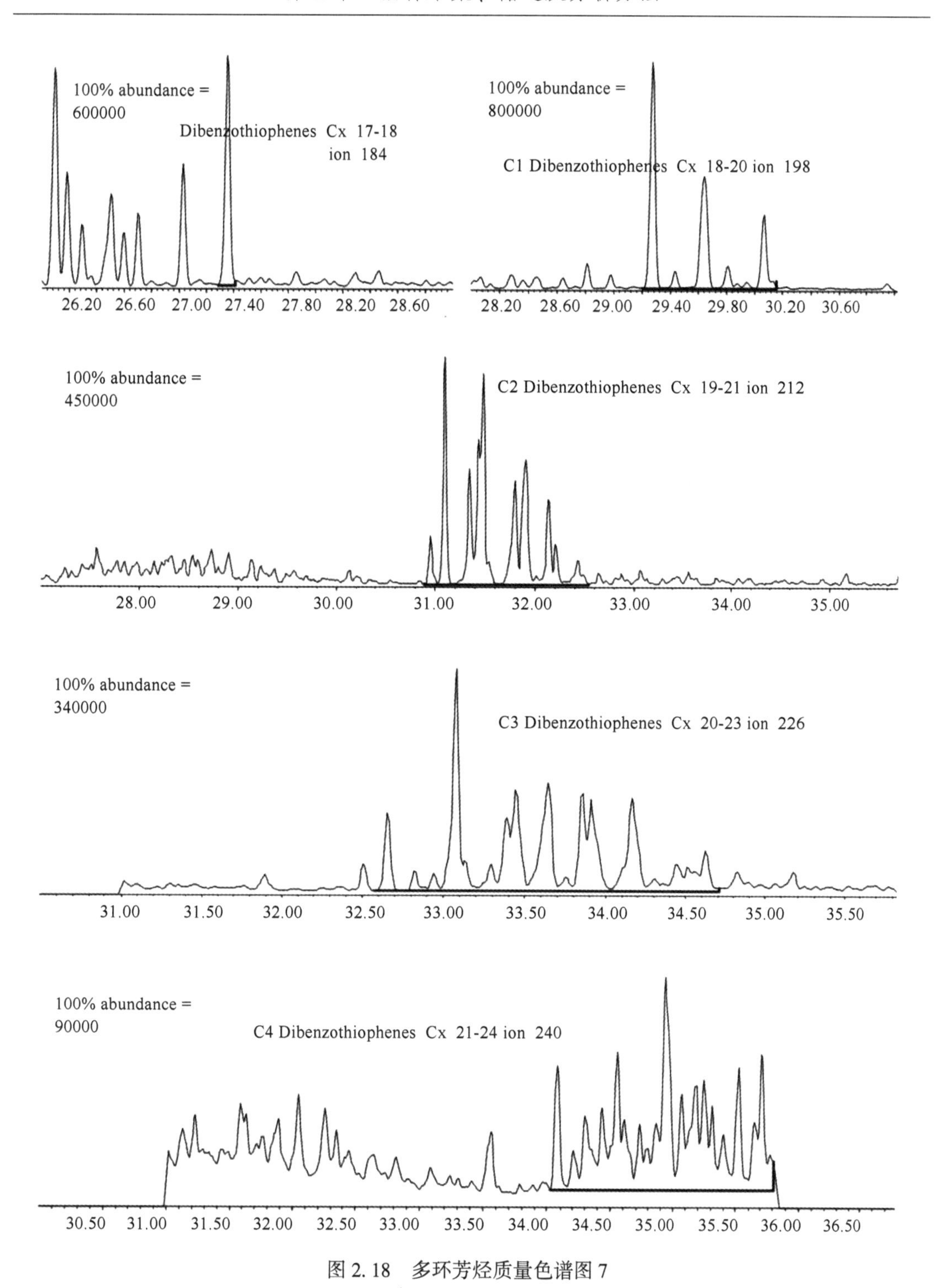

图 2.18　多环芳烃质量色谱图 7

引自 Oil spill identification-Waterborne petroleum and petroleum products Part 2：Analytical methodology and interpretation of results based on GC-FID and GC-MS low resolution analyses，PD CEN/TR 15522-2：2012，BSI Standards Publication，2012

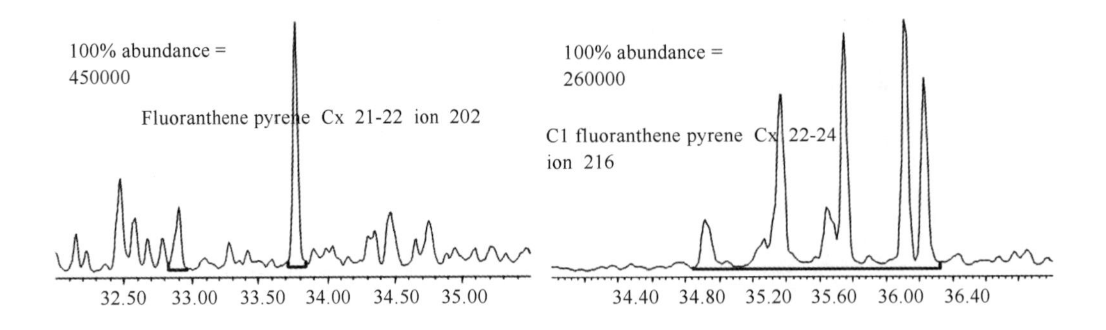

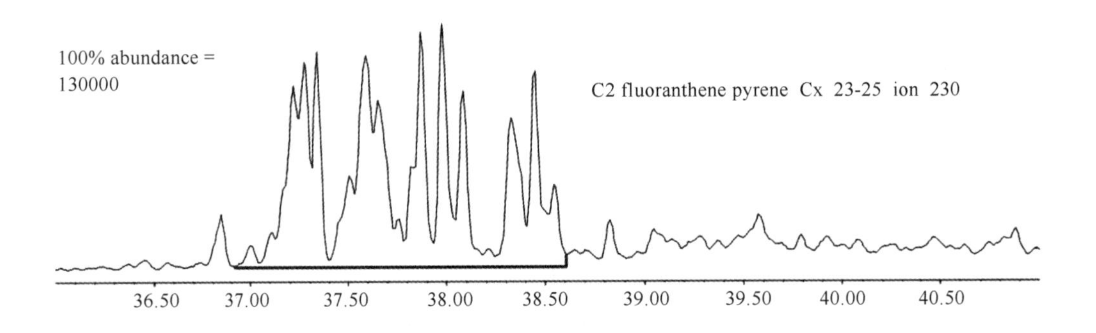

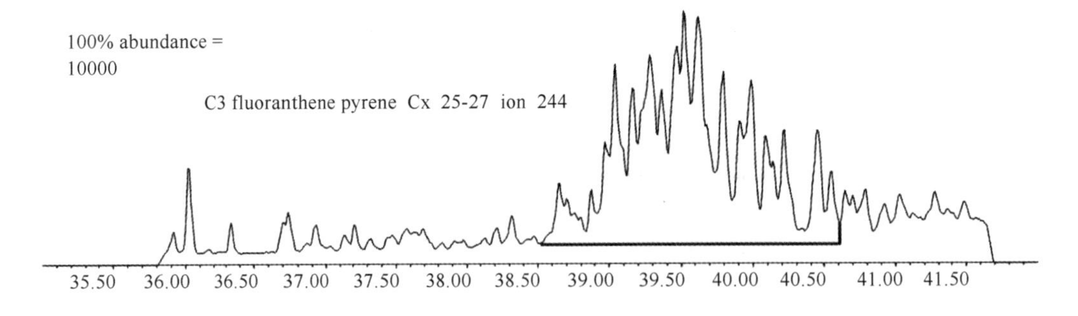

图 2.19　多环芳烃质量色谱图 8

引自 Oil spill identification-Waterborne petroleum and petroleum products Part 2：Analytical methodology and interpretation of results based on GC-FID and GC-MS low resolution analyses，PD CEN/TR 15522-2：2012，BSI Standards Publication，2012

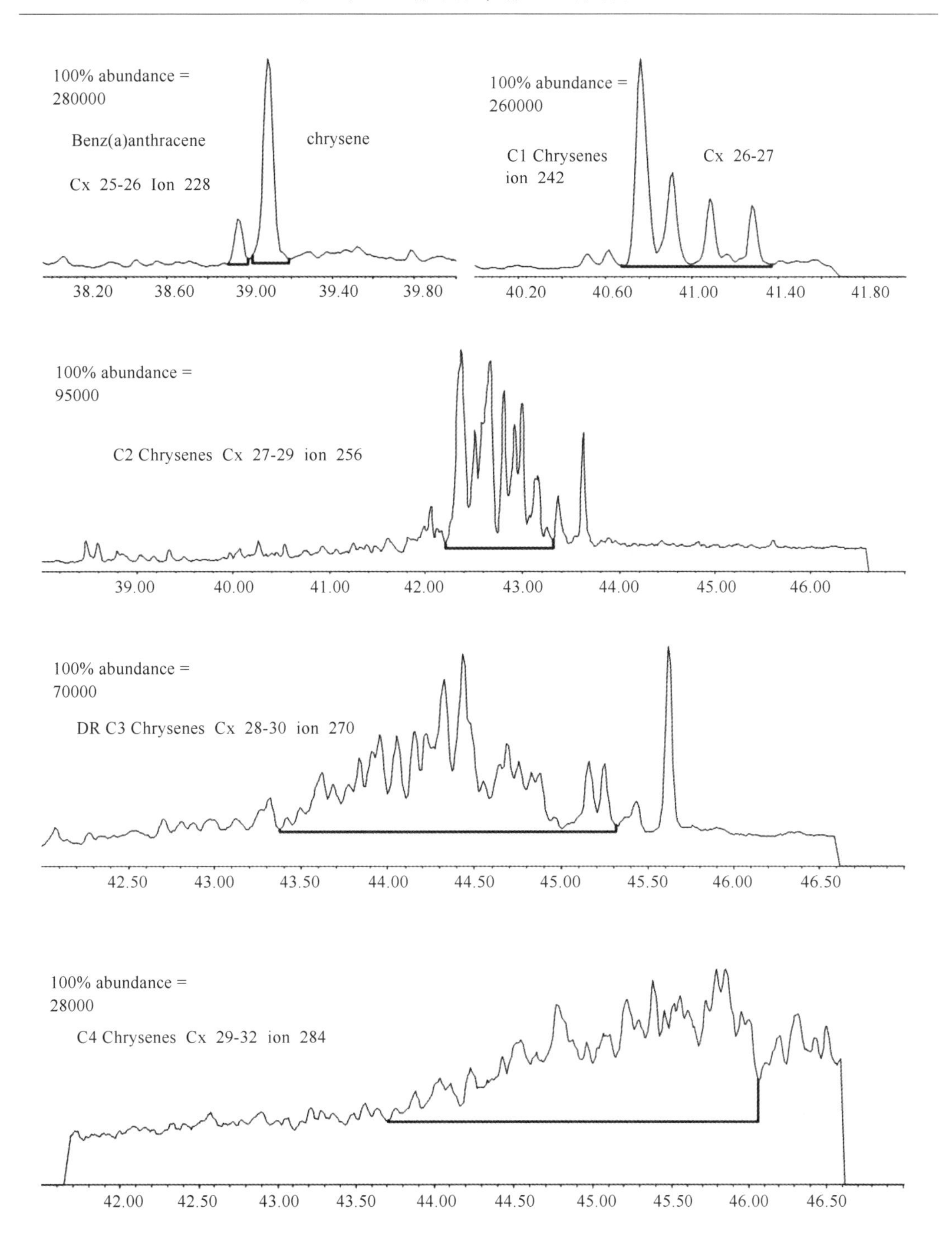

图 2.20　多环芳烃质量色谱图 9

引自 Oil spill identification–Waterborne petroleum and petroleum products Part 2：Analytical methodology and interpretation of results based on GC–FID and GC–MS low resolution analyses，PD CEN/TR 15522–2：2012，BSI Standards Publication，2012

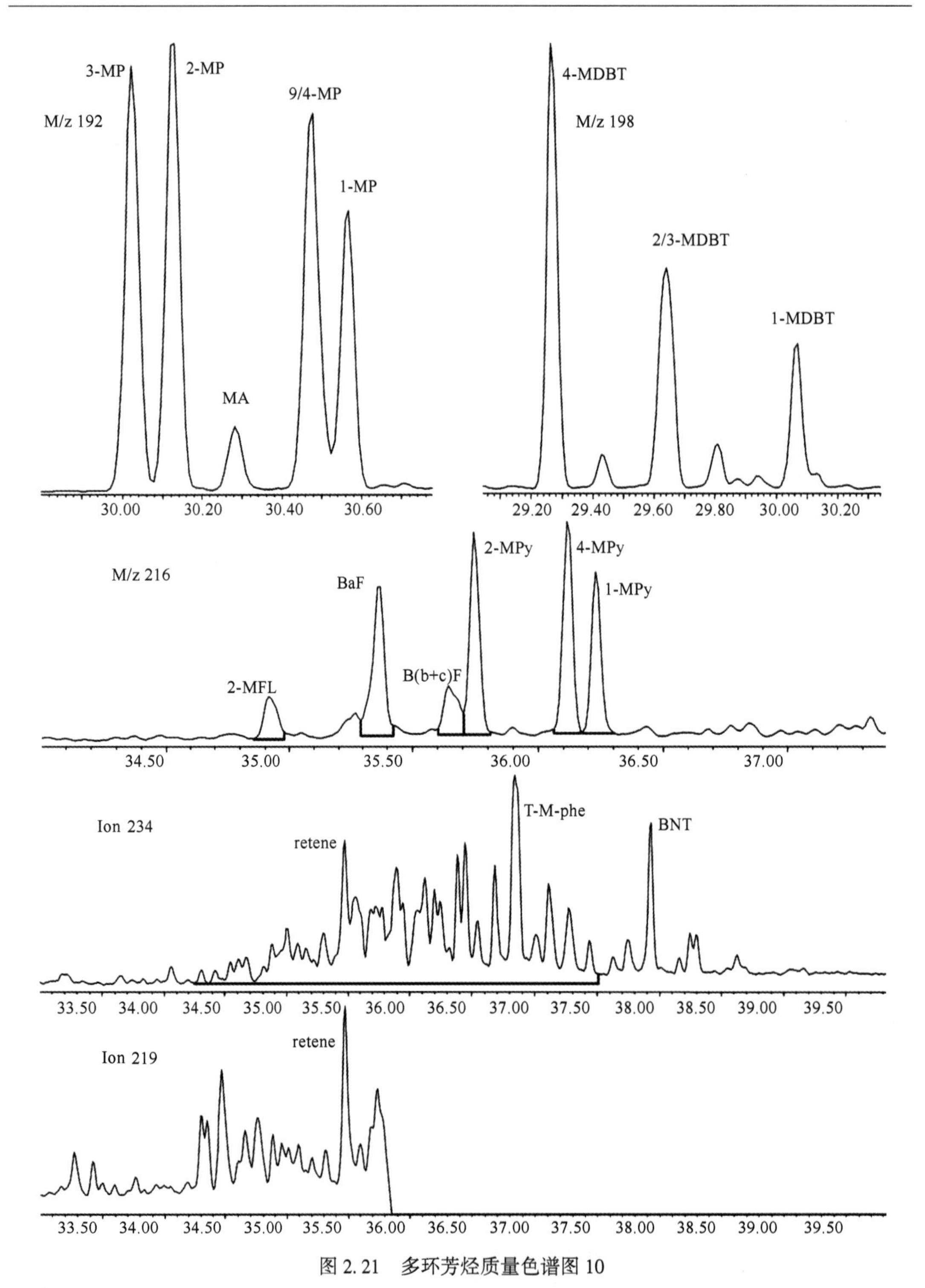

图 2.21　多环芳烃质量色谱图 10

引自 Oil spill identification-Waterborne petroleum and petroleum products Part 2：Analytical methodology and interpretation of results based on GC-FID and GC-MS low resolution analyses，PD CEN/TR 15522-2：2012，BSI Standards Publication，2012

表 2.5　多环芳烃定性表

名称	简称	环数	离子	对应正构烷烃范围
Decalin	DE	—	138	C10-C11
C1-decalins	C1-de	—	152	C11-C12
C2-decalins	C2-de	—	166	C11-C13
C3-decalins	C3-de	—	180	C13-C14
C4-decalins	C4-de	—	194	C13-C15
Benzo（b）thiophene	BT	2	134	C12
C1-benzo（b）thiophenes	C1-bt	2	148	C13-C14
C2-benzo（b）thiophenes	C2-bt	2	162	C13-C15
C3-benzo（b）thiophenes	C3-bt	2	176	C15-C16
C4-benzo（b）thiophenes	C4-bt	2	190	C15-C17
Naphthalene	N	2	128	C11-C12
C1-naphthalenes	C1-n	2	142	C13-C14
C2-naphthalenes	C2-n	2	156	C14-C15
C3-naphthalenes	C3-n	2	170	C15-C17
C4-naphthalenes	C4-n	2	184	C15-C18
Biphenyl	B	2	154	C14
Acenaphthylene	ANY	3	152	C14-C15
Acenaphthene	ANA	3	154	C15-C16
Dibenzofuran	DBF	3	168	C15-C16
Fluorene	F	3	166	C16-C17
C1-fluorenes	C1-f	3	180	C17-C18
C2-fluorenes	C2-f	3	194	C18-C19
C3-fluorenes	C3-f	3	208	C19-C21
Phenanthrene	P	3	178	C18-C19
Anthracene	A	3	178	C18-C19
C1-phenanthrenes/anthracenes	C1-phe	3	192	C19-C20
C2-phenanthrenes/anthracenes	C2-phe	3	206	C20-C23
C3-phenanthrenes/anthracenes	C3-phe	3	220	C21-C23
C4-phenanthrenes/anthracenes	C4-phe	3	234	C22-C25

续表 2.5

名称	简称	环数	离子	对应正构烷烃范围
2-methylphenanthrene	2-MP	3	192	C18-C19
1-methylphenanthrene	1-MP	3	192	C18-C19
Retene	Retene	3	234	C22-C25
Dibenzothiophene	DBT	3	184	C17-C18
C1-dibenzothiophenes	C1-dbt	3	198	C18-C20
C2-dibenzothiophenes	C2-dbt	3	212	C19-C21
C3-dibenzothiophenes	C3-dbt	3	226	C20-C23
C4-dibenzothiophenes	C4-dbt	3	240	C21-C24
4-methyldibenzothiophene	4-MDBT	3	198	C18-C20
1-methyldibenzothiophene	1-MDBT	3	198	C18-C20
Fluoranthene	FL	4	202	C21
Pyrene	PY	4	202	C21-C22
C1-fluoranthrenes/pyrenes	C1-fl	4	216	C22-C24
C2-fluoranthenes/pyrenes	C2-fl	4	230	C23-C25
C3-fluoranthenes/pyrenes	C3-fl	4	244	C25-C27
2-methylfluoranthene	2-MFL	4	216	C22-C24
benzo（a）fluorene	BaF	4	216	C22-C24
benzo（b）fluorene	BbF	4	216	C22-C24
Benzo（c）fluorene	BcF	4	216	C22-C24
2-methylpyrene	2-MPy	4	216	C22-C24
4-methylpyrene	4-MPy	4	216	C22-C24
1-methylpyrene	1-MPy	4	216	C22-C24
Benz（a）anthracene	BA	4	228	C25-C26
Chrysene	C	4	228	C25-C26
C1-chrysenes	C1-chr	4	242	C26-C27
C2-chrysenes	C2-chr	4	256	C27C29
C3-chrysenes	C3-chr	4	270	C28-C30
C4-chrysenes	C4-chr	4	284	C29-C32

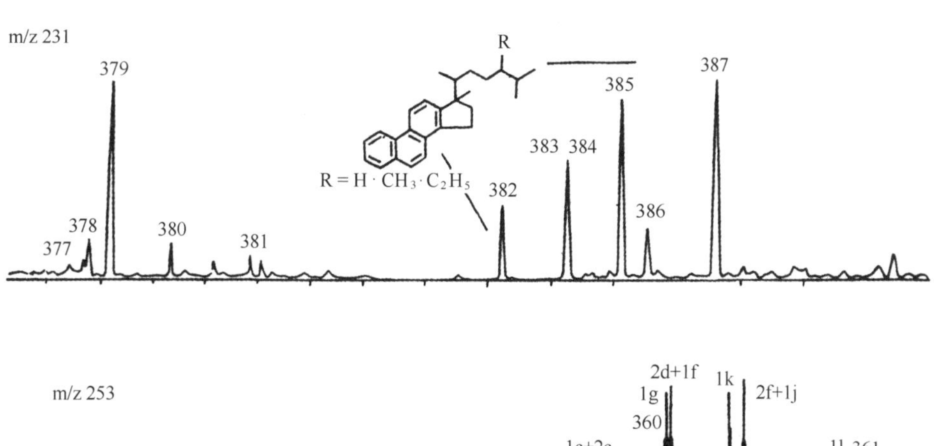

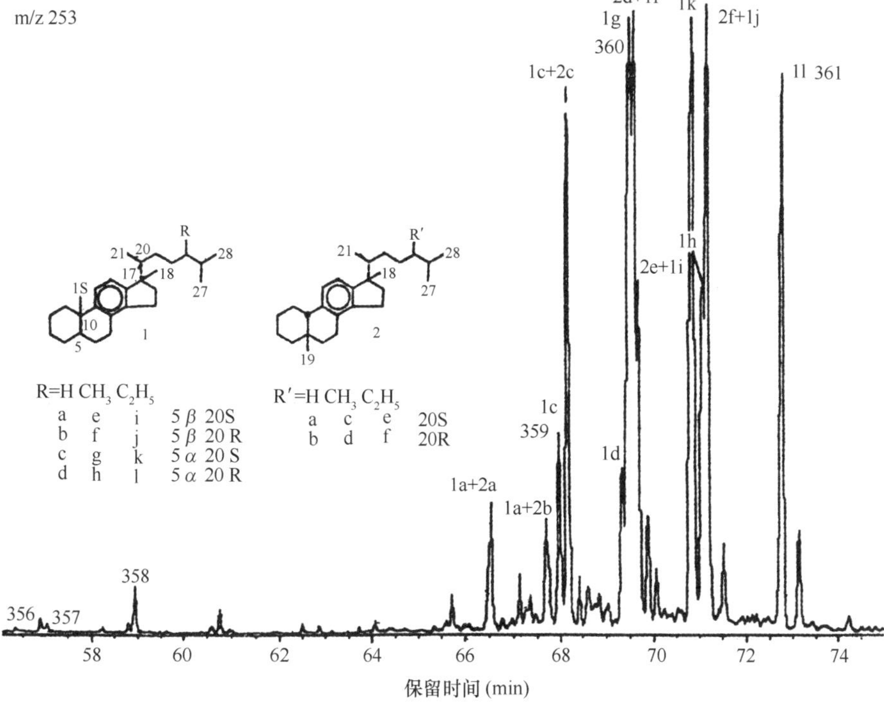

图 2.22　三芳甾和单芳甾的定性（引自王培荣，生物标志物质量色谱图集［M］，石油工业出版社，1993）

表 2.6　芳甾定性表

峰号	化合物名称	基峰	分子式
356	C21 C 环-单芳孕甾烷	253	$C_{21}H_{30}$
357	C21 C 环-单芳孕甾烷	253	$C_{21}H_{30}$
358	C21 C 环-单芳孕甾烷	253	$C_{21}H_{30}$
359	C27 5α（H）C 环-单芳甾烷（20S）	253	$C_{27}H_{42}$
360	C28 5α（H）C 环-单芳甾烷（20S）	253	$C_{28}H_{44}$
361	C29 5α（H）C 环-单芳甾烷（20R）	253	$C_{29}H_{46}$
377	C19 三芳甾烷	231	$C_{19}H_{18}$
378	C20 三芳甾烷	231	$C_{20}H_{20}$
379	C19 三芳甾烷	231	$C_{19}H_{18}$

续表 2.6

峰号	化合物名称	基峰	分子式
380	C20 三芳甾烷	231	$C_{20}H_{20}$
381	C21 三芳甾烷	231	$C_{21}H_{22}$
382	C26 三芳甾烷（20S）	231	$C_{26}H_{32}$
383	C26 三芳甾烷（20R）	231	$C_{26}H_{32}$
384	C27 三芳甾烷（20S）	231	$C_{27}H_{34}$
385	C28 三芳甾烷（20S）	231	$C_{28}H_{36}$
386	C27 三芳甾烷（20R）	231	$C_{27}H_{34}$
387	C28 三芳甾烷（20R）	231	$C_{28}H_{36}$

注：峰号对应于图 2.22。

表 2.7　金刚烷定性表

类别	峰号	化合物名称	缩写	基峰	分子式
单金刚烷	1	单金刚烷	A	136	$C_{10}H_{16}$
	2	1-甲基单金刚烷	1-MA	135	$C_{11}H_{18}$
	3	1，3-二甲基单金刚烷	1，3-DMA	149	$C_{12}H_{20}$
	4	1，3，5-三甲基单金刚烷	1，3，5-TMA	163	$C_{13}H_{22}$
	5	1，3，5，7-四甲基单金刚烷	1，3，5，7-TeMA	177	$C_{14}H_{24}$
	6	2-甲基单金刚烷	2-MA	135	$C_{11}H_{18}$
	7	顺式 1，4-二甲基单金刚烷	1，4，-DMA，*cis*	149	$C_{12}H_{20}$
	8	反式 1，4-二甲基单金刚烷	1，4，-DMA，*trans*	149	$C_{12}H_{20}$
	9	1，3，6-三甲基单金刚烷	1，3，6-TMA	163	$C_{13}H_{22}$
	10	1，2-二甲基单金刚烷	1，2-DMA	149	$C_{12}H_{20}$
	11	顺式 1，3，4-三甲基单金刚烷	1，3，4-TMA，*cis*	163	$C_{13}H_{22}$
	12	反式 1，3，4-三甲基单金刚烷	1，3，4-TMA，*trans*	163	$C_{13}H_{22}$
	13	1，2，5，7-四甲基单金刚烷	1，2，5，7-TeMA	177	$C_{14}H_{24}$
	14	1-乙基单金刚烷	1-EA	135	$C_{12}H_{20}$
	15	1-乙基-3-甲基单金刚烷	1-E-3-MA	149	$C_{13}H_{22}$
	16	1-乙基-3，5-二甲基单金刚烷	1-E-3，5-DMA	163	$C_{14}H_{24}$
	17	2-乙基单金刚烷	2-EA	135	$C_{12}H_{20}$
双金刚烷	18	双金刚烷	D	188	$C_{14}H_{20}$
	19	4-甲基双金刚烷	4-MD	187	$C_{15}H_{22}$
	20	4，9-二甲基双金刚烷	4，9-DMD	201	$C_{16}H_{24}$
	21	1-甲基双金刚烷	1-MD	187	$C_{15}H_{22}$
	22	1，4-二甲基双金刚烷， 2，4-二甲基双金刚烷	1，4-DMD 2，4-DMD	201	$C_{16}H_{24}$
	23	4，8-二甲基双金刚烷	4，8-DMD	201	$C_{16}H_{24}$
	24	三甲基双金刚烷	TMD	215	$C_{17}H_{26}$
	25	3-甲基双金刚烷	3-MD	187	$C_{15}H_{22}$
	26	3，4-二甲基双金刚烷	3，4-DMD	201	$C_{16}H_{24}$

注：峰号对应于图 2.23、图 2.24。

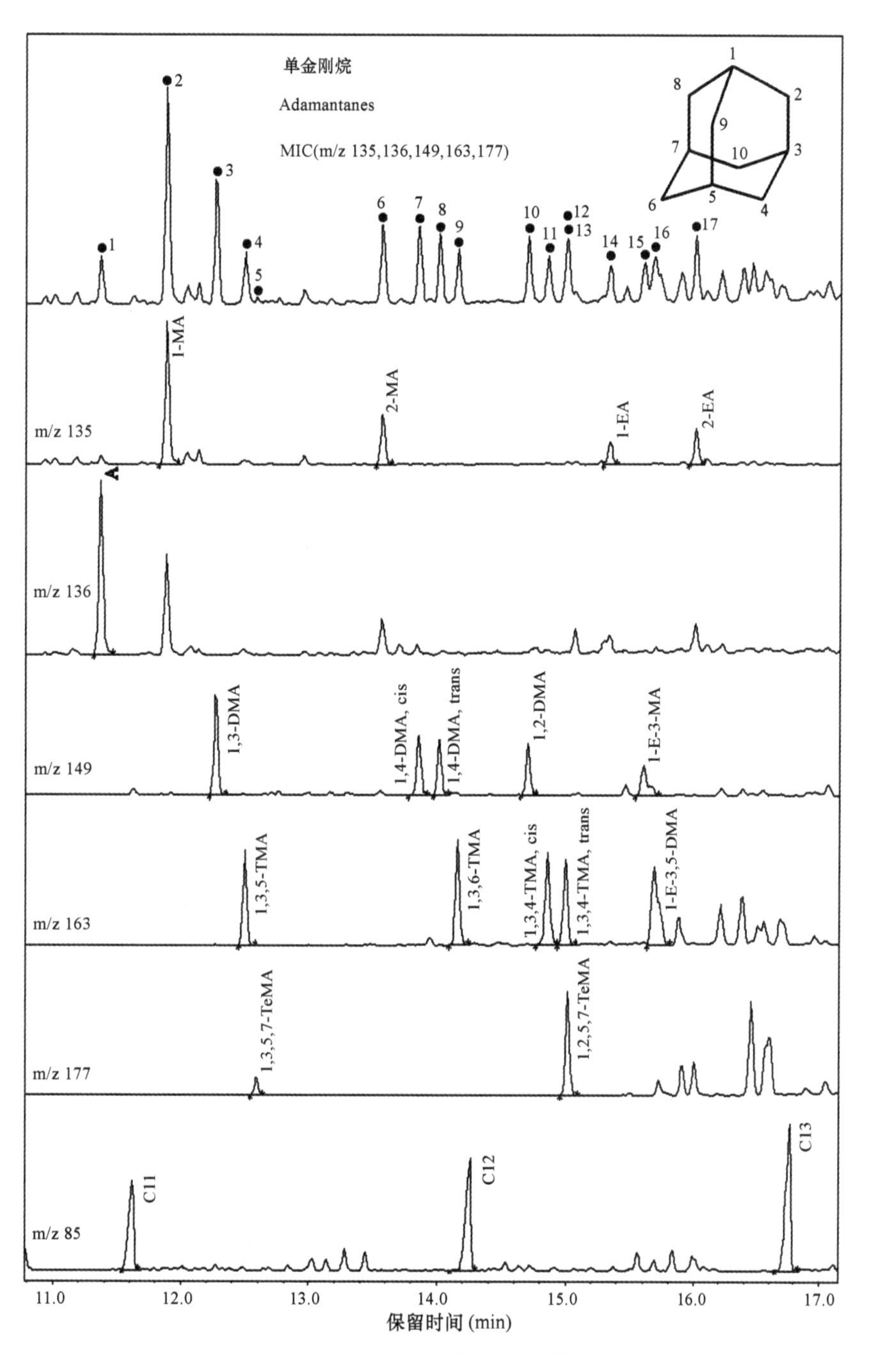

图 2.23　单金刚烷质量色谱图

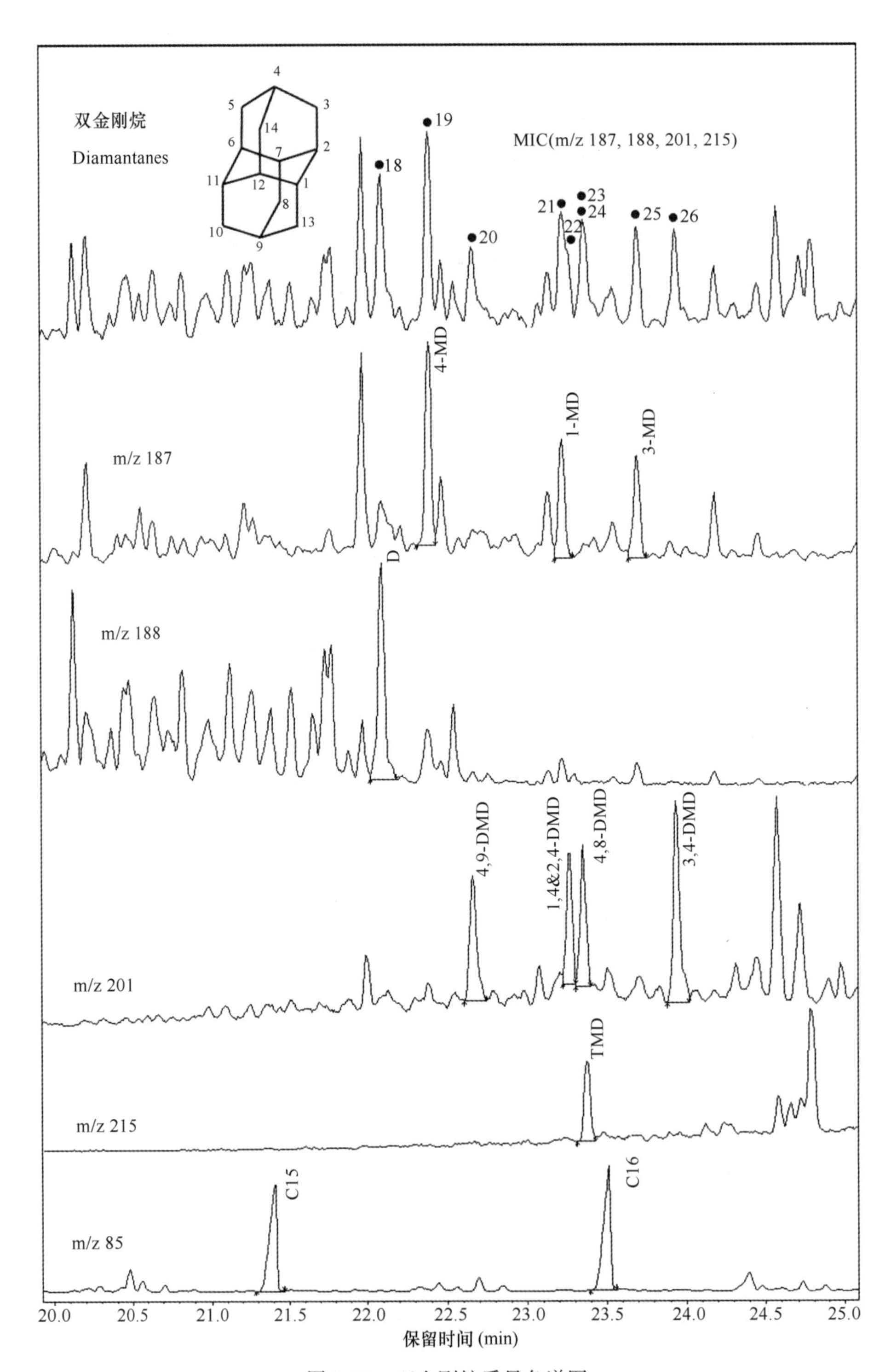

图 2. 24　双金刚烷质量色谱图

2.3.2.4　石油烃组分定量

目前，所用到的气相色谱和气相色谱-质谱联用油指纹分析方法中，有只关注峰面积及其比值的半定量法，也有求得所关注组分准确浓度的完全定量方法。在半定量分析中，可以不加入任何标准物质，只比较溢油样品和可疑溢油源样品的谱图和特征峰面积比；也可以加入一种参考标准物，该物质是样品中不含有的组分，用以观察样品中组分的相对丰度。完全定量分析采用内标法进行。选择样品中不含有的纯物质作为对照物质加入待测样品溶液中，以待测组分和对照物质的响应信号对比，测定待测组分含量的方法称为内标法。该对照物质称为内标物。

1）对内标物的要求

（1）内标物是原样品中不含有的组分，否则会使峰重叠而无法准确测量内标物的峰面积；

（2）内标物的保留时间应与待测组分相近，但彼此能完全分离（$R \geqslant 1.5$）；

（3）内标物必须是纯度合乎要求的纯物质。

2）内标法的优点

（1）在进样量不超限（色谱柱不超载）的范围内，定量结果与进样量的重复性无关；

（2）定量结果与仪器响应值的重复性无关。

（3）内标法分析需要用到两类标准物质：目标分析物标准物质和内标。

内标除加入标准溶液外，待测样品中也要加入内标。将标准溶液和样品都上机分析，按下式计算：

$$RRF = \frac{A_{C0} \cdot W_{I0}}{A_{I0} \cdot W_{C0}} \tag{2.2}$$

$$c = \frac{A_{C1} \cdot W_{I1}}{A_{I1} \cdot RRF \cdot W_s} \tag{2.3}$$

式中：RRF 为相对响应因子；A_{C0} 为标准中组分峰面积；A_{I0} 为标准中内标峰面积；W_{C0} 为标准中组分量；W_{I0} 为标准中内标量；A_{C1} 为样品中组分峰面积；A_{I1} 为样品中内标峰面积；W_{I1} 为样品中内标量；W_s 为样品量。

一般配制几个（例如 5 个）不同浓度的标准系列，将标准系列进样分析，获得各组分的峰面积以及目标物与内标的峰面积比，用峰面积比对浓度比作图，则得到一条标准曲线。由于目标物与内标在同一溶液体系中，因此其浓度比常表示为质量比（W_{IS}/W_{ti}）样品中加入与标准中相等质量的内标物，进样分析后得到待测组分与内标峰面积比，根据标准曲线即可求得质量比，而内标质量已知，可得待测组分质量。

在油指纹分析中，正构烷烃内标可用 C21D44，C24D50 等，甾、萜烷类内标可用 5α-雄甾烷，多环芳烃内标可用三联苯-D14。

2.3.2.5　质量控制措施

1）平行样分析

在进行分析过程中，只要溢油样量满足，溢油样一般要进行平行样分析，对于不均匀的溢油样，要根据其不均匀的状况，分不同部位进行取样分析，在每一批次（7~10 个/天），至少要有一个平行样，以便考察样品处理和仪器分析的全过程。

2）回收率测定

如果要进行定量分析，就要开展回收率测定，一般通过加替代标准的办法实现，替代标准的选择原则与内标相同，通常选用烷烃、芳烃的氘代产品。

3）标准物质检查

虽然使用了内标法进行定量，分析物的 *RRF* 值也会发生变化，为了考察 *RRF* 值的稳定性，在每分析一批样品（7~10 个）之后，分析一次校准曲线中间点，计算其 *RRF* 值。

此外，随着分析样品的增多，色谱柱柱效会有所下降，正构烷烃重组分响应值降低。若分析中发现标准中最后一个正构烷烃组分响应值下降到低于最初分析时的 80%，则认为其柱效下降已经会对定性定量结果造成显著影响。此时应先停止分析，对色谱柱进行老化处理以期修复，若不能修复，则考虑更换色谱柱。

4）参考油的分析

为了考察仪器的稳定性和灵敏度等，在分析油样前，应该分析参考油，参考油一般选取石油烃组分比较全，而且含量较高的油样。通过比较不同时间分析的参考油样中重组分的变化，同样可以检查仪器灵敏度的变化，从而判定色谱柱是否需要更换。

5）全过程空白实验

分析过程中一般要开展空白实验，包括样品处理及分析全过程的空白实验，以避免干扰。

6）分析过程中试剂空白

油样之间要插入试剂空白，以检查色谱系统是否被污染。

2.3.2.6 需要注意的几个问题

1）油样的不均匀性

海上采集的油样，尤其是重质燃料油，或者是原油和燃料油的混合物，一般均匀性较差，在取油样进行处理时，在混匀取平行样的同时，还要关注单块油样的分析，以便得到更好的分析结果。

2）不同仪器分析的差异性

同一油样在不同厂家或型号的分析仪器上，分析的油指纹结果可能会有差异，这是仪器本身的灵敏度、响应等不同造成的，即使同一台仪器，随着长时间的变化，分析出的谱图也会有差异。因此，要通过关注参考油关键指标的变化来分析油样特征指标。

3）油样分离和不分离对油指纹的影响分析

油样是经过分离（饱和烃和芳香烃）分析，还是溶解不分离直接分析，所获得的某些特征组分定量结果有较大差异（包括组分面积、浓度和诊断比值），原因在于不同组分能够产生同样质荷比的离子碎片，如果它们的保留时间相同，就会造成峰的叠加，从而影响对某些组分做出准确定量，如图 2.25~图 2.26 所示。

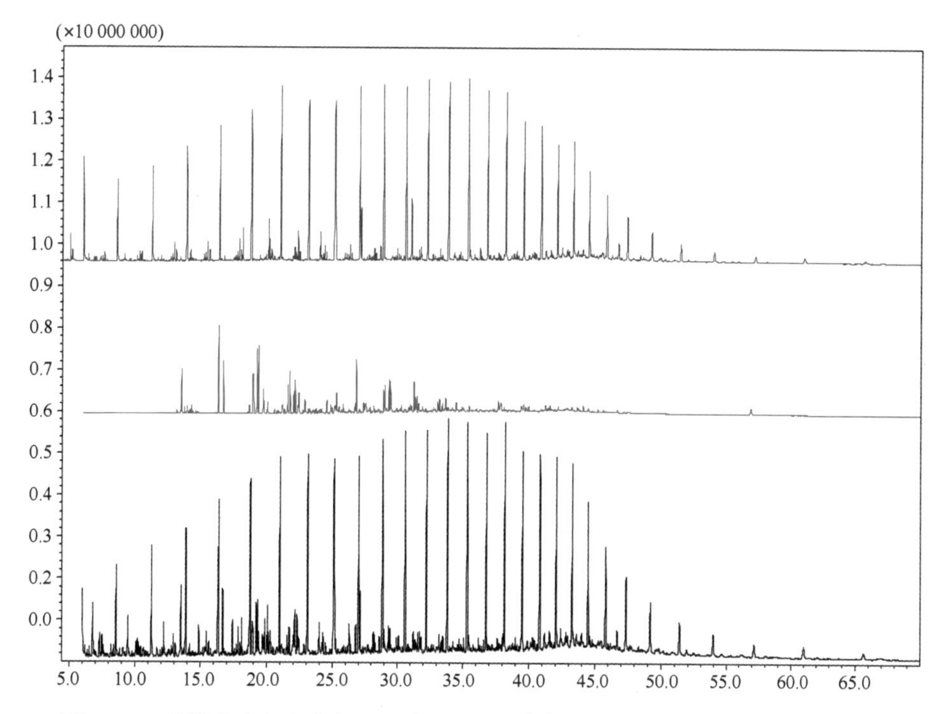

图 2.25　油样分离与未分离 TIC 对比（上：分离 F1，中：分离 F2，下：未分离）

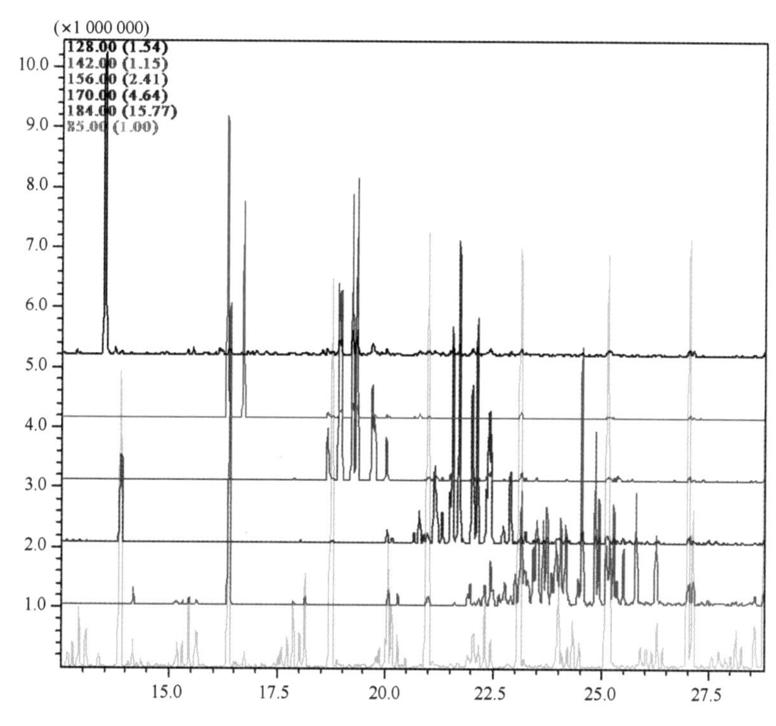

图 2.26　油样未分离 m/z 128、142、156、170、184、85（由上至下）质量色谱图重叠图

第3章 油品类型及特征

3.1 石油的成因及分类

目前，就石油的成因有两种说法：无机成因即石油是在基性岩浆中形成的；有机成因即各种有机物如动物、植物，特别是低等的动植物像藻类、细菌、蚌壳、鱼类等死后埋藏在不断下沉缺氧的海湾、潟湖、三角洲、湖泊等地经过许多物理化学作用，最后逐渐形成石油。根据油源环境分海相油、陆相油（蒋有录，查明，2006）。海相石油以芳香—中间型和石蜡—环烷型为主，V/Ni 大于 1，饱和烃占 25%~70%，低碳数（≤C21）的正构烷烃多，芳烃 25%~60%；低蜡（>5%）、高硫（<1%）。陆相石油以石蜡型为主，部分石蜡—环烷型，V/Ni 小于 1，饱和烃占 60%~90%，高碳数（≥C22）正构烷烃多；芳烃 10%~20%；高蜡（>5%）、低硫（<1%）。根据有机质成熟度分为（未熟）低熟油、成熟油、高熟油。三类原油正构烷烃分布特点不同：未成熟的石油，主要含大分子量的正构烷烃。成熟的石油中，主要含中分子量的正构烷烃；从主峰碳数位置及形态看，高成熟的原油正构烷烃主峰一般小于 C15，且主峰区较窄；未成熟或低成熟的原油正构烷烃主峰一般大于 C25，主峰区较宽，奇数和偶数碳原子烃的分布很有规律，二者的相对含量接近相等；成熟原油正构烷烃主峰区一般在 C15~C25 之间，主峰区宽。年代老、埋深大、有机质演化程度较高的石油，低碳数正构烷烃多；有机质演化程度较低的石油中正构烷烃碳数偏高。受微生物强烈降解的原油：正构烷烃常被选择性降解，一般含量较低，低碳数更少。

从石油的地球化学分类（Tissot and Welte，1978），一般将石油分为以下几种类型。

（1）石蜡型原油：由轻质油和一定量的高蜡、高沸点原油组成，高分子量正构烷烃含量丰富，胶质沥青质含量低于 10%；相对密度一般小于 0.85，黏度一般都较低。

（2）石蜡—环烷型原油：胶质和沥青质相对含量 5%~15%，芳香烃 25%~40%，黏度和密度一般高于石蜡型原油。

（3）环烷型原油：较少，未成熟原油，或是前两种原油的生物降解产物。

（4）芳香—中间型原油：胶质和沥青质相对含量可占 10%~30%，芳烃占 40%~70%，相对密度一般高于 0.85。

芳香—环烷型和芳香—沥青型原油都是经过次生变化的原油，油质重而黏，胶质和沥青质相对含量可高达 25% 以上。其中，石蜡—环烷型、芳香中间型和石蜡型原油最为常见。

3.2　石油炼制及产品分类

石油炼制是把原油加工为各种石油产品的过程。石油炼制品的化学组成不仅依赖它们“母体”原油给料，还取决于不同的炼制方法和条件、广泛的应用范围以及不同的需求。

石油炼制主要包括以下炼制过程。

（1）蒸馏，包括常压蒸馏和减压蒸馏，习惯上合称常减压蒸馏，基本属物理过程，包括三个工序：原油的脱盐、脱水，常压蒸馏，减压蒸馏。原油的脱盐、脱水又称预处理，因为从油田送往炼油厂的原油往往含盐（主要是氯化物）、带水（溶于油或呈乳化状态），可导致设备的腐蚀，在设备内壁结垢和影响成品油的组成，需在加工前脱除。将石油加热至400~500℃，使其变成蒸气后输进分馏塔。在分馏塔中，位置愈高，温度愈低。石油蒸气在上升途中会逐步液化，冷却及凝结成液体馏分。分子较小、沸点较低的气态馏分则慢慢地沿塔上升，在塔的高层凝结，例如燃料气（Fuel Gas）、液化石油气（LPG.）、轻油（Naphtha）、煤油（Kerosene）等。分子较大、沸点较高的液态馏分在塔底凝结，例如柴油（Diesel）、润滑油及蜡等。在塔底留下的黏滞残余物为沥青及重油（Heavy Oil），可作为焦化和制取沥青的原料或作为锅炉燃料。不同馏分在各层收集起来，经过导管输离分馏塔。蒸馏出来的油品有的经调合、加添加剂后直接作为产品，大部分是后续加工的原料。

（2）催化裂化，是在热裂化工艺上发展起来的，是提高原油加工深度，生产优质汽油、柴油最重要的工艺操作。原料主要是原油蒸馏或其他炼油装置的350~540℃馏分的重质油，催化裂化工艺由三部分组成：原料油催化裂化、催化剂再生、产物分离。催化裂化所得的产物经分馏后可得到气体、汽油、柴油和重质馏分油。

（3）加氢裂化，是在高压、氢气存在下进行的，需要催化剂，把重质原料转化成汽油、煤油、柴油和润滑油。加氢裂化由于有氢存在，原料转化的焦炭少，可除去有害的含硫、氮、氧的化合物，操作灵活，可按产品需求调整。

（4）催化重整（简称重整），是在催化剂和氢气存在下，将常压蒸馏所得的轻汽油转化成含芳烃较高的重整汽油的过程。如果以80~180℃馏分为原料，产品为高辛烷值汽油；如果以60~165℃馏分为原料油，产品主要是苯、甲苯、二甲苯等芳烃，重整过程副产氢气，可作为炼油厂加氢操作的氢源。

（5）延迟焦化，是在较长反应时间下，使原料深度裂化，以生产固体石油焦炭为主要目的，同时获得气体和液体产物。延迟焦化用的原料主要是高沸点的渣油。

此外，前述各装置生产的油品一般还不能直接作为商品，为满足商品要求，除需进行调合、添加添加剂外，往往还需要进一步精制，除去杂质，改善性能以满足实际要求。主要精制方式包括酸精制、碱精制、脱臭、加氢、脱蜡、白土精制、溶剂精制和溶剂脱蜡。

石油炼制品一般分为轻质油、中质油和重质油。轻质油通常是指直馏汽油或减压蒸馏汽油，主要用作汽车、摩托车、快艇、直升机、农林用飞机的燃料，是消耗量最大的品种。汽油是一种易挥发、易燃、无色或淡黄色的石油炼制品，通常被用作内燃机燃料，具有良好的抗爆性能、燃烧性能和蒸发性能，燃烧完全，积碳少，在储存和使用过程中对储油容器和发动机部件腐蚀性弱。不同汽油性质不同，挥发性和燃烧性能也不同，汽油的燃烧特性之一抗爆性也称为“辛烷值”，它表示汽油在汽油机中燃烧时的抗爆性指标。汽油辛烷值大，抗爆性好，质量也好。一般说来，异辛烷、芳烃特别是甲苯相对含量越高，汽油的辛烷值也越高。为了提高某些具体特性如引擎效率和抗爆性能，汽油或其他石油产品中经常添加一些化合物称之为添加剂，通常包括辛烷改进剂、防氧化剂、防腐剂、防冻剂等。

中质油的碳原子范围从 C6 至 C26，包括煤油（浅黄色或无色易燃油状液体，特殊气味，挥发性在汽油和柴油之间，125℃至 260℃馏分），航空燃料油以及柴油。航空燃料油主要包括航空汽油和喷气燃料两大类，分别适用于不同类型的飞机发动机。航空汽油是活塞式航空发动机的燃料。喷气燃料是喷气发动机燃料的简称，是煤油基航空燃料油，用于航空涡轮动力部件，通常与煤油具有相同的馏分特性和闪点。喷气燃料在总成分上大致相似，部分差异是由于添加剂造成的，加入添加剂的目的是可以控制某些燃料的特征参数如凝固点和倾点。为适应高空低温高速飞行需要，这类油要求煤油发热量大，在-50℃不出现固体结晶。柴油是原油蒸馏过程中得到的最初的直馏产物，沸点范围有 180~370℃和 350~410℃两类。对石油及其加工产品，习惯上对沸点或沸点范围低的称为轻，相反称为重。故上述前者称为轻柴油，后者称为重柴油。商品柴油按凝固点分级，如 10、0、-10、-20 等，表示适用的环境温度，柴油广泛用于使用柴油内燃机的车辆（包含火车）、船舰以及柴油锅炉。由于高速柴油机（汽车用）比汽油机省油，柴油需求量增长速度大于汽油，一些小型汽车也改用柴油。对柴油质量要求是燃烧性能和流动性好。燃烧性能用十六烷值表示愈高愈好，大庆原油制成的柴油十六烷值可达 68。高速柴油机用的轻柴油十六烷值为 42~55，低速的在 35 以下。煤油沸点范围为 180~310℃，主要供照明、生活炊事用。要求火焰平稳、光亮而不冒黑烟。润滑油是通过蒸馏特选的石蜡基和环烷基原油而生产的混合物，润滑油主要用于降低金属表面的摩擦和磨损。石油产润滑油是车用和工业应用最为广泛的油品。润滑油一般有较宽的气相色谱碳数范围，从 C18 到 C40，沸点高于 340℃，润滑油不含低沸点石油烃组分，主要组分是饱和烃，芳香烃含量非常低。

重质残渣燃料油主要作为船舶用油以及用于提供工业动力，典型的重质燃料油类型包括 No. 5 和 No. 6（也被称作 Bunker C）燃料油。残渣燃料油是由蒸馏后的残渣制造，根据不同的用途，按照严格的规范制造成不同等级的重质燃料油。多年来，术语“Bunker C 燃料油”被广泛用来专指普通陆用或海用的黏度最大的残渣燃料油。Bunker C（或 IFO380）的化学组成变化很大，主要取决于生产的油田，生产年份以及经历的过程。目前，许多 Bunker 类型的燃料油都是将残余油与柴油或者其他较轻的燃料按不同比例混合，生产船舶或者发电厂要求黏度的残渣燃料油。

3.3　石油的物理性质

石油的物理性质一般与它的化学组成有关，这里只对石油的气味、密度、比重、溶解度、黏度、闪点、碳分布、蒸馏和界面张力进行描述。

3.3.1　气味

油的气味是一个定性参数，不是定量参数。含有大量不饱和烃、一些含氮化合物和含硫化合物，如硫醇的石油一般有类似硫化氢的臭味。相对地，主要含有轻烃组分，含有高比例的芳香烃组分以及固体石蜡和环烷烃的混合物，一般带有类似汽油的甜味（Zhendi Wang et al.，2006）。

3.3.2　密度

密度是石油单位体积的质量，一般用 g/cm^3 来表示。石油企业一般根据密度大小判定轻油和重油，密度大小还可以决定石油溢到水中后是漂浮还是沉降。水在 15℃时其密度为 1.0 g/cm^3，石油及其制品的密度范围通常在 0.7～0.99 g/cm^3，因此溢油一般漂浮于水面上。而海水的密度为 1.03 g/cm^3，因此即使重油也通常浮在海水表面，只有沥青和非常重的残渣燃料油如 Bunker C，因密度比海水大而沉入水中。石油的密度一般随着时间推移和轻组分的损失而增大。另一个衡量密度的指标是比重，它是和 15℃时水的密度相比较的相对密度。美国石油研究所一般使用 API 比重表征石油密度，并将 API 定义为：API = 141.5/（15.6℃下的密度）−131.5。水的 API 比重为 10°（10℃）。比重较低的原油，它的 API 比重较高。重质低价原油的 API 比重一般小于 25°，中质原油 API 比重在 25°～35°之间，轻质商业价值高的原油 API 比重在 35°～45°之间。API 比重与黏度、沥青质含量（在 40°从 4%～8%升高到 10°～15°的 50%）和氮的含量（在 40°从 0.08%～0.20%到 10°～15°的 1%）成反比。常规的原油和重油通常用 API 比重来定义，采用这个定义，重油是指那些 API 比重小于 20°的石油，沥青质则一般在 5°～10°。

3.3.3　溶解度

石油溶解度是指在一定的温度和压力下，单位体积水内所能溶解的油的含量。石油中极性组分越多，在水中的溶解度越大。一个多组分的混合物在水中的溶解度可比一个纯组分在水中的溶解度低几个数量级，石油是一种复杂的混合物，由于石油烃组分比例和组成差异，因此石油具有不同的溶解度。

3.3.4　碳的分布

基于挥发性的碳的分布是原油的重要物理性质。理论上讲任何具有足够理论塔板数的分馏柱，都可以用来记录表征每个部分的沸点相对于重量百分比的曲线。加拿大环境部溢油研究计划发展了一种采用高温 GC-FID 分析器来检测模拟沸点分布确定石油碳的分布的方法。通过和已知标准相比，高温气相色谱的保留时间与蒸馏曲线的温度拐点相匹配。沸点范围从 40~750℃的质量分布大体上和 C6~C120 的烃的范围相对应。

3.3.5 黏度

黏度是反映流动阻力的参数，黏度越低，越容易流动。石油的黏度是其组分的函数，因此石油的黏度范围较宽。一般地，饱和烃和芳香烃含量越高，沥青质和树脂含量越低，黏度越低。蒸发风化过程中轻组分的挥发导致黏度升高。黏度受温度的影响，温度越低黏度越高，对于大多数原油，黏度是温度的对数。在溢油清除过程中，黏度大的油不能快速扩散，不能快速渗入土壤，影响泵和撇油器清除原油的效率。

3.3.6 闪点

是指石油产品在规定条件下，加热到它的蒸气与火焰接触发生瞬间闪火时的最低温度。一种液体如果闪点低于 60℃则认为是易燃物质，闪点是与溢油清除措施安全密切相关的一个重要参数。汽油和其他轻质油在大多数有燃烧源情况下能够燃烧，因此这类溢油非常危险。许多溢出的新鲜原油最初闪点也比较低，轻组分蒸发或扩散会导致闪点升高，而 BunkerC 和重的原油发生溢油时一般不容易燃烧。

3.3.7 倾点

是指在规定条件下，被冷却的油样开始连续流动时的最低温度。石油的倾点一般在 -60℃至 30℃之间，低黏度的油一般倾点也低。由于油是由成百上千种化合物组成的，其中有些化合物在倾点时仍处于液态，因此倾点不是油不能流动的温度。倾点只是一个表示油流动非常缓慢的恒定温度，因此是一个具有局限性的表征石油状态的参数。

3.3.8 蒸馏组分（馏分）

油的馏分代表油在给定温度下油的各组分沸腾的量（一般用体积表示），这个参数可以让环境学家对石油中的化学组成有一个很好的了解。例如，汽油中 70%的组分在 100℃下会沸腾，而石油在这个温度下仅有 5%的组分沸腾，重质燃料油的比例可能更低。馏分与油的组成和其他物理参数相关性非常强。

3.3.9 油/水界面张力

油/水界面张力有时也称表面张力，是油和水界面上的分子之间相互吸引和排斥的力量。国际标准单位是每米毫牛（mN/m）。和黏度一样，界面张力是指示油在水面上扩散速度和程度的指标。水的界面张力越小，油扩散的程度越大。实际情况下，油的一些扩散行为一般需要同时考虑界面张力和黏度才能解释。不同油的界面张力相差不大，但随着温度的改变将会有较大变化。表 3.1 列出了石油及部分炼制油品的重要物理性质，以供参考。

表 3.1　石油部分炼制油品的重要物理性质

性质	单位	汽油	柴油	轻质原油	重质原油	中质燃料油（IFO）	BunkerC	原油乳状液
黏度	mPa. s（15℃）	0. 5	2	5~50	50~50 000	1 000~15 000	10 000~50 000	20 000~100 000
密度	g/ml（15℃）	0. 72	0. 84	0. 78~0. 88	0. 88~1. 00	0. 94~0. 99	0. 96~1. 04	0. 95~1. 0
闪点	℃	-35	45	-30~30	-30~60	80~100	>100	>80
水中溶解度	$\times10^{-6}$	200	40	10~50	5~30	10~30	1~5	-
倾点	℃	不相关	-35~-1	-40~30	-40~30	-10~10	5~20	>50
API	度	65	35	30~50	10~30	10~20	5~15	10~15
界面张力	mN/m（15℃）	27	27	10~30	15~30	25~30	25~35	不相关
馏分 100℃	%	70	1	2~15	1~10	-	-	不相关
馏分 200℃	%	100	30	15~40	2~25	2~5	2~5	
馏分 300℃	%		85	30~60	15~45	15~25	5~15	
馏分 400℃	%		100	45~85	25~75	30~40	15~25	
馏分 残渣油	%			15~55	25~75	60~70	75~85	

注：引自 Chromatographic Analysis of the Environment，Third Edition，Chapter 27，table27. 2，Zhendi Wang and Merve Fingas.

3.4　石油的元素、化合物组成及诊断比值

3.4.1　元素组成

组成石油的化学元素主要是碳（83%~87%）、氢（11%~14%），其余为硫（0. 06%~0. 8%）、氮（0. 02%~1. 7%）、氧（0. 08%~1. 82%）及微量金属元素（镍、钒、铁等）。

3.4.2　化合物组成

石油的组成非常广泛，所有的石油都是由烃类化合物和非烃类化合物组成，石油中的烃类按其结构不同，大致可分为烷烃、环烷烃、芳香烃等几类。非烃类化合物包括极性化合物、胶质和沥青质，极性化合物主要有含硫化合物、含氧化物和含氮化合物。

（1）脂肪烃包括直链烷烃和支链烷烃。直链烷烃又叫正构烷烃，通式是 C_nH_{2n+2}，一般是石油中含量最高的石油烃组分，而且大多数石油随着碳原子数增加正构烷烃丰度降低。原油中从 n-C5 到 n-C40 范围的正构烷烃经常是最丰富的组分，较高碳数的正构烷烃（>n-C18）通常指的是石蜡，高温时原油中的蜡会在溶液中出现，低温时会析出。正构烷烃广泛分布于菌、藻类以及高等植物等生物体中，自 20 世纪 60 年代以来就被作为生物标志物进行研究，而且可能是生物标志物中研究最广泛的一类。不同生源产出原油中正构烷

烃的分布特征不同，因此是原油鉴别的重要指标。正构烷烃很容易被气相色谱仪检测，在色谱图上显示出一系列近于等间距分布的峰。由于正构烷烃优先被细菌降解，所以在用气相色谱仪检测时，当确证原油经过生物降解，而且仅有极微量的正构烷烃叠加在一个不能分辨的复杂混合物鼓包（UCM）时，采用气相色谱-质谱仪检测其分布非常有效。支链烷烃是含有支链的烷烃，其中作为原油的重要组成部分的是脂肪族类异戊二烯化合物，它们最早在石油、煤、页岩和分散的有机物质中被发现。用于油指纹鉴别的 5 种比较重要的异构烷烃有法呢烷（C15，2，6，10-三甲基-十二烷）、三甲基-十三烷、正十八烷（2，6，10 三甲基-十五烷）、姥鲛烷（C19，2，6，10，14-四甲基-十五烷）和植烷（C20，2，6，10，14-四甲基-十六烷）（也称类异戊二烯化合物）。植烷（$C_{20}H_{42}$）是典型的规则非环状类异戊二烯，含有 4 个头尾相连的异戊二烯单元。植烷是石油中含量最高的类异戊二烯之一，曾被广泛地用于估算油在环境中的生物降解程度。姥鲛烷是另一种类异戊二烯，被广泛用于环境中的生物降解研究，它比植烷少一个甲基，但仍归类为非环状的二萜。

（2）环烷烃。环烷烃含有一个或多个饱和环，具有良好的化学稳定性，密度较大，自燃点较高。它的燃烧性较好、凝点低、润滑性好，因此是汽油、润滑油的优质组分。石油中最丰富的环烷烃是单环的环戊烷和环己烷及其烷基化的同系物。

（3）甾、萜类化合物。这是一些复杂的高沸点脂环烃，一般是四环或五环结构，抗风化能力较强。甾类化合物是由生物体中复杂的甾醇混合物在沉积圈中经历一系列的成岩改造过程经过甾烯而转化为甾烷或芳香甾类化合物，而萜类化合物是广泛分布于植物、昆虫及微生物等生物体中的一大类有机化合物。原油中发现的萜类包括倍半萜（C15 双环），二萜（C20，大部分是三环）和三萜（C30，主要是五环和一些三环、四环的）。藿烷是五环三萜，通常含有 27 至 35 个碳原子，它的环烷结构中包含了 4 个六碳环和 1 个五碳环，17α（H），21β（H）-构型的 C27 到 C35 的藿烷是石油中的特征物质，由于其热稳定性，其含量大大高于 ββ 和 βα 构型。倍半萜是 3 个异戊二烯（半萜）的聚合物，种类甚多，普遍存在于源自高等植物的树脂和香精油中，故一般陆相原油比海相原油更富含倍半萜，但因该类化合物沸点较低且易挥发，如果不注意，在常规的样品前处理中可能损失较多。沉积物和石油中常见的是具补身烷骨架特征的二环倍半萜烷（C14-C16），最丰富的化合物通常是补身烷（$C_{15}H_{28}$）和升补身烷（$C_{16}H_{30}$），其次是形成于成岩过程中的两个重排补身烷。Alexander 等（1984）指出，补身烷及其有关化合物在沉积岩和原油中分布之广，可同藿烷系列相比较，藿烷类化合物的生物降解是其来源之一。

四环甾烷是一组含 21 到 30 个碳的生物标志化合物，包括规则甾烷和重排甾烷以及单芳甾和三芳甾，其中规则的 C_{27}—C_{28}—C_{29} 甾烷系列（胆甾烷、麦角甾烷、豆甾烷）在油中最常见，而且由于其具有较高的油源特征，在化学指纹研究中很有用。这些甾烷不含有完整数量的异戊二烯，仅大致服从异戊二烯规则，依然显示萜类的特征，可以被归类到相应的萜类家族。

芳甾是石油芳香烃中具有很高抗生物降解能力并被用于油—油相关性鉴别和油源追踪的另一类生物标志物，这些化合物可以在油—油对比和油源鉴定中提供有价值的信息。C

环单芳甾（MA）是以20R和20S C_{27}—C_{28}—C_{29}甾烷系列5α-和5β-胆甾烷、麦角甾烷、豆甾烷为特征的。ABC环三芳甾是由C环单芳萜在A/B环连接处丢失一组甲基芳构而成的。主要包括C_{20}和C_{21}以及C_{26}—C_{27}—C_{28}三芳甾同系物。

（4）金刚烷类化合物是环境法医学专家感兴趣的另一类低沸点的环状生物标志物，包括单金刚烷和双金刚烷及其烷基化同系物。金刚烷类化合物，是一组低沸点环烷类生物标志化合物，被认为是多环萜类化合物在高热强路易斯酸的条件重排生成的（Chen et al.，1996）。金刚石结构赋予这些分子有很高的热稳定性和抗生物降解能力。实验室热裂解实验结果显示，在油的热裂解过程中金刚烷比大多数其他石油烃的热稳定性高。因此金刚烷在残余油中或冷凝时会逐渐富集。甲基双金刚烷（C15）的浓度直接与裂解的程度成比例，在试验条件下，金刚烷既不被破坏也不生成。相反，它们被浓缩和保存。因此可以作为天然产生的内标，通过它确定油的损失量。裂解程度按公式（3.1）计算：

$$[(1-C0/Cc)\times 100\%] \tag{3.1}$$

式中，C0表示未裂解样品中甲基双金刚烷的浓度；Cc表示该样品裂解后甲基双金刚烷（C15）的浓度。这个原理也可以被用于确定轻质冶炼油的风化程度（例如，柴油）。

（5）此外，一些非环状烷烃在一些油中被发现，并用来作为溢油鉴别指标。例如丛粒藻烷（Botryococcane $C_{34}H_{70}$）是一个不规则的C34类异戊二烯化合物（$C_{34}H_{70}$），存在于淡水和咸水湖的绿藻中。丛粒藻烷特征离子是m/z 183，其出峰紧靠在n-C_{29}前，在澳大利亚（McKirdy et al.，1986）石油中被检测出。A环和B环甲基藿烷（Methyl-hopane CH_3-$C_{30}H_{51}$）是首次在中东的侏罗纪油中被发现的（Seifert and Moldowan，1978）。A环和B环藿烷通常在m/z 191离子质量色谱图上检测，增加一个甲基后检测离子为m/z 205，甲基藿烷是中东石油中的主要多环生物标志化合物。β胡萝卜烷（β-Carotane $C_{40}H_{78}$）是全饱和的C40双环烃，它在C35—升藿烷后出峰，它具有缺氧的盐湖藻类沉积的显著特征，在m/z 125和m/z 581离子质量色谱图上检测。C40以后的藿烷和低碳的藿烷被认为是C30藿烷类化合物成岩作用的产物，C31-C35藿烷跟细菌藿烷类多羟基化合物和氨基化合物有关（Ourisson and Albrecht，1992；Rohmer et al.，1992）。双杜松烷［Bicadinanes（$C_{30}H_{52}$）］是C30-五环生物标志化合物，3种构型W（cis-cis-trans双杜松烷）、T（trans-trans-trans-双杜松烷）和R双杜松烷。双杜松烷的离子碎片有m/z 191和m/z 217，在甾、萜烷谱图上都出峰，在C29藿烷前面，但是在m/z 412处检测干扰更少，它们被认为源于被子植物达玛脂，是高等植物树脂输入的显著特征物，苏门答腊北部、中部和南部盆地原油中都有发现（Van Aarssen et al.，1990）。C30 17α（H）-重排藿烷［Dia-hopane（C30H52）］从普拉德霍湾原油中鉴定出两种重排藿烷，C30 17α（H）重排藿烷和18α（H），21β（H）-30重排降藿烷（C_{29}Ts），C30 17α（H）重排藿烷的出峰紧跟在C29αβ降藿烷后面，它和C29 18α（H），21β（H）-30重排降藿烷在m/z 191处出峰。C30 17α（H）-重排藿烷可能源于细菌藿烷类，在黏土介质酸的作用下经历了氧化和重排，被认为是陆源的标志。18α（H）-奥利烷（Oleanane）有两种异构体：18α（H）奥利烷和18β（H）奥利烷。α构型有较大的热稳定性，因此在原油和岩石中占主导（Riva et al., 1988)。18α(H)-奥利烷是被子植物的特征物质，是高等植物输入的显著特征。四甲基甾烷(4-Methyl Steranes)可分为两大组：①碳数范围在C28-C30的甾烷，在4和24位上取代(如C30甾烷是4-甲基-24-乙基-胆甾烷)；②C30甲藻甾烷(如4，23，24-三甲基-胆甾烷)。四甲基甾烷可以从沟鞭藻或甲基球菌细菌中的4甲基甾酮脱氢形成(Wolff et al., 1986)。4-甲基-24-乙基-胆甾烷在中国的第三纪油岩中含量较高(Fu et al., 1992)。和C29甾烷一样，C30 4-甲基甾烷有4个立体异构体：ααα(20S)、αββ(20 S)、ααα(20R)、αββ(20 R)，基峰在m/z 232和m/z 231。巨环烷烃(Macrocyclic Alkanes)多数是多环的，主要是异戊二烯类的五碳环和六碳环，但是非异戊二烯类的巨环烃也有报道，1994年Muurisepp等第一次在沉积物中发现了巨环烃，初步在油的非芳烃组分中鉴定出环12烷和环16烷系列化合物。

(6)芳香烃是一种碳原子为环状联结结构，单双键交替的不饱和烃，它最初是由天然树脂、树胶或香精油中提炼出来的，具有芳香气味，所以把这类化合物叫做芳香烃。芳香烃都具有苯环结构，既有低分子量的单环芳香烃，如苯、甲苯、乙苯、2-甲苯等苯系物(BTEX)和含碳原子数量不等的烷基化苯同系物，也有多苯环的芳香烃。芳香烃化学稳定性良好，与烷烃、环烷烃相比，其密度最大，自燃点最高，辛烷值也最高，故其为汽油的良好组分。芳香烃包含着丰富的地质和地化信息，因此芳香烃被作为重要的溢油鉴别指标。多环芳烃，是指两环和两环以上的芳香碳氢化合物，多环芳烃广泛分布于古代和近代沉积物中。岩石圈和生物圈中存在着两类多环芳烃，一类是化石燃料或植物不完全燃烧产生的，这其中主要是非取代的多环芳烃；另一类是来自于自然界的生物遗体，经过沉积成岩或退化作用转化而成。例如一些多环芳烃如卡达烯、惹烯、西蒙内利烯就来自于裸子植物；四环、五环芳香三萜类来自于被子植物；单芳8，14-断藿烷来自于微生物；两环或三环双萜类(如松香酸)是一些针叶木树脂的主要成分，也是沉积作用形成的生物标志化合物的生物来源。研究发现，惹烯在阿根廷第三纪碳质页岩中有很高的丰度，这是来自于当地的罗汉松和南洋杉树脂。卡达烯在近代和古代沉积物中广泛存在，其来源是存在于苔藓类植物、真菌、植物树脂、化石树脂、香精油中的杜松烯和杜松醇。苝存在于海洋沉积物、湖泊和河流沉积物、海百合化石、油页岩、煤和原油等之中，一般认为它是由其自然界中的源物质经由早期成岩过程中的后沉积过程转化成的，但仍不清楚是来自于陆地还是海洋。不同来源原油及其提炼的石油产品有着不同的多环芳烃分布模式。而且很多多环芳烃化合物比饱和烃和挥发性烷基化化合物在风化过程中更加稳定，这使得多环芳烃指纹信息成为溢油鉴别过程中一个重要的类别，即使类型相同的石油产品用多环芳烃的指纹信息也是可以鉴别的。石油中很重要的一类多环芳烃就是一些烷基化多环芳烃同系物，主要包括烷基化萘、菲、二苯并噻吩、芴和屈系列。它们的含量在石油多环芳烃中占支配地位，并且分布模式随油种不同而异。很多的研究指出，利用烷基化多环芳烃同系物可作为沉积物和水体中溢油的环境归宿和油源鉴别的主要指示物。除分布模式外，一系列的目标烷基化多环芳烃的特征比值已经被成功地作为溢油鉴别指示物。烷基化多环芳烃同系物的双比率，特别是烷基化二苯并噻吩和菲(C2D/C2P：C3D/C3P)，常用在石油产品的鉴别过程中。应用烷基化多环芳烃所衍生的特征比值进行溢油鉴别和溢油评估已经取得了相当进展。最近研究表明，在相同的烷基化程度下，利用个别的油源特征异构体，比较异构体间分布的不同可以进行溢油鉴别。当烷基化程度加大，异构体更容易被检测，异构体分布的不同反映的是石油形成时沉积环境的差异。相对于利用不同烷基化程度的多环芳烃来进行溢油鉴别，这种方法因为异构体物理化学性质的唯一性，可以得到更高的溢油分析精确度和准确度。而且，异构体相关的分布不受溢油轻度风化的影响，因此这种方法可以较好地用作溢油鉴别。另一方面，多环芳烃烷基化位置也可以影响异构体生物降解的速率，这个信息可以分辨出溢油的环境因素，例如，生物降解对多环芳烃分布的影响，也可以区分出因风化作用引起的溢油组分改变情况。此外考虑到油品毒性评估，也考虑一些优先控制的多环芳烃，如苯并芘、苯并荧蒽等。

（7）杂环有机化合物，除碳氢化合物之外，石油还包含少量氧、氮和硫原子的一些其他有机化合物，此外还有一些含有痕量金属（如镍和钒）的化合物，如金属卟啉。

（8）树脂，相对烃类化合物极性较强，树脂具有较好的表面活性。分子量范围一般为 700～1 000。树脂化合物包括杂环烃（例如含氮，氧，硫的多环芳烃），苯酚，酸，醇和单芳甾化合物。含硫化合物是石油中最重要的杂原子组分，以元素硫，硫化氢，硫醇，噻吩（噻吩和它的烷基化同系物），苯并噻吩和二苯并噻吩（苯并噻吩，二苯并噻吩和它们的烷基化同系物）和萘苯并噻吩等不同形式存在。大多数原油中硫的含量为 0. 1%～3%，某些重质原油和沥青中硫的含量可达 5%～6%。原油中含氮化合物多数存在于沥青中，中性的吡咯和咔唑结构比基本的嘧啶和喹啉形式占优势。含氮化合物具有较好的表面活性，它的浓度对原油在金属/油界面和土地/油界面的物理化学行为有很大影响。氧与烃类反应形成各种含氧化合物，如呋喃、酚和酸，与多环芳烃相比，原油中这些含氮、含氧化和物的浓度一般非常低。

（9）沥青质是一类分子非常大的化合物，它们不溶于石油烃但可以像胶体一样分散。沥青分子一般含有 6～20 个或更多个芳香烃环和侧链结构，由于其沸点太高，不适合做气相色谱分析，因此一般不用做鉴别指标。沥青是一类极为复杂的聚合多环大分子化合物，将石油溶于过量的正戊烷或正己烷，沥青将沉淀析出。如果原油中沥青质丰富，它们将对石油行为有重要影响。

（10）卟啉是卟吩的复杂衍生物，卟啉化合物是叶绿素（植物和某些细菌进行光合作用的色素）降解的产物。原油中大部分卟啉是与金属螯合的，其中钒是最重要的，其次是镍，油中也可能存在卟啉与铁和铜螯合的情况。卟啉常被归为一类独一无二的生物标志化合物，因为它们建立了岩石圈和相应生物前躯物中发现的化合物间的联接（Zhendi Wang et al.，2006）。一般而言，成熟、轻质原油中含有少量的螯合钒和镍的卟啉，而重质原油可能含有较多螯合钒和镍的卟啉。有关上述三类非烃化合物的化学结构、质谱特征、色谱的保留位置（质量色谱图）在《非烃地球化学和应用》（王培荣，2002）中进行了详细介绍。

3.4.3 诊断比值

3.4.3.1 诊断比值的概念及确定原则

诊断比值（Diagnostic Ratio，简称DR）是指油品中某些特定组分之间的比值，它能够表征不同油样各自的化学组成，用于判别两个油样来源是否一致。一般来说，诊断比值要具有独特性和差异性，具有地球化学意义，并且基本不受或受风化影响较小，在实际溢油鉴别中还要根据所采用的诊断比值具体的比较方法的要求进一步筛选诊断比值。使用诊断比值进行溢油和可疑油源之间的比较最大的优点是其受浓度影响最小，还可以排除由于不同时间分析条件的变化、仪器波动等因素引起的变化。诊断比值通过定量（如化合物浓度）或半定量数据（如峰面积或者峰高）计算得到。诊断比值的表现形式有多种（Christensen et al.，2004）。

3.4.3.2 常用的诊断比值

石油地球化学家们在长期的研究和实践中提出了许多用于油源对比、划分有机质热演化阶段、划分生油岩母质类型、判断油气运移的诊断比值（曾宪章等，1989）。在环境法医学界，溢油鉴别工作者发现这些比值同样非常适用于溢油鉴别，于是经过筛选、补充，环境化学家总结出了常用于溢油鉴别的诊断比值（Zhendi Wang and J. H. Christensen，2006），包括正构烷烃、类异戊二烯、甾烷、萜烷、芳香烃（Zhendi Wang，ea al.，1999）等几类比值（表3.2~表3.4）。表中诊断比值形式为A/B型或A/（A+B）型，在使用中也可以采用其他表达方式，如A/（A+B）×100（Per S. Daling，2002）。

应该引起重视的是，表中列出的诊断比值不一定对所有的溢油鉴别都适用，某些溢油情况，应谨慎地采用一些特别典型的比值。另外，某些生物标志物的浓度太低而不可信，因此根据具体情况灵活选择诊断比值非常重要。

表3.2 正构烷烃和类异戊二烯诊断比值

比值缩写	定义
C17/Pr	正十七烷/姥鲛烷
C18/Ph	正十八烷/植烷
Pr/Ph	姥鲛烷/植烷
（C19+C20）/（C21+C22）	（正十九烷+正二十烷）/（正二十一烷+正二十二烷）
CPI	（正二十三烷+正二十五烷+正二十七烷+正二十九烷）/（正二十四烷+正二十六烷+正二十八烷+正三十烷）
C21+C22/C28+C29	（正二十一烷+正二十二烷）/（正二十八烷+正二十九烷）

表 3.3　甾烷类诊断比值

比值缩写	定义
C28αββ/（αββ+ααα）	［20R-5α（H），14β（H），17β（H）-24-甲基胆甾烷+ 20S-5α（H），14β（H），17β（H）-24-甲基胆甾烷］/ ［20S-5α（H），14α（H），17α（H）-24-甲基胆甾烷+ 20R-5α（H），14β（H），17β（H）-24-甲基胆甾烷+ 20S-5α（H），14β（H），17β（H）-24-甲基胆甾烷+ 20R-5α（H），14α（H），17α（H）-24-甲基胆甾烷］
C29αββ/（αββ+ααα）	［20R-5α（H），14β（H），17β（H）-24-乙基胆甾烷+ 20S-5α（H），14β（H），17β（H）-24-乙基胆甾烷］/ ［20S-5α（H），14α（H），17α（H）-24-乙基胆甾烷+ 20R-5α（H），14β（H），17β（H）-24-乙基胆甾烷+ 20S-5α（H），14β（H），17β（H）-24-乙基胆甾烷+ 20R-5α（H），14α（H），17α（H）-24-乙基胆甾烷］
C29ααα［S/（S+R）］	20S-5α（H），14α（H），17α（H）-24-乙基胆甾烷/ ［20S-5α（H），14α（H），17α（H）-24-乙基胆甾烷+ 20R-5α（H），14α（H），17α（H）-24-乙基胆甾烷］
C27αββ/C27-C29 αββ	［20R-5α（H），14β（H），17β（H）-胆甾烷+ 20S-5α（H），14β（H），17β（H）-胆甾烷］/ ［20R-5α（H），14β（H），17β（H）-胆甾烷+ 20S-5α（H），14β（H），17β（H）-胆甾烷+ 20R-5α（H），14β（H），17β（H）-24-甲基胆甾烷+ 20S-5α（H），14β（H），17β（H）-24-甲基胆甾烷+ 20R-5α（H），14β（H），17β（H）-24-乙基胆甾烷+ 20S-5α（H），14β（H），17β（H）-24-乙基胆甾烷］
C28αββ/C27-C29 αββ	［20R-5α（H），14β（H），17β（H）-24-甲基胆甾烷+ 20S-5α（H），14β（H），17β（H）-24-甲基胆甾烷］/ ［20R-5α（H），14β（H），17β（H）-胆甾烷+ 20S-5α（H），14β（H），17β（H）-胆甾烷+ 20R-5α（H），14β（H），17β（H）-24-甲基胆甾烷+ 20S-5α（H），14β（H），17β（H）-24-甲基胆甾烷+ 20R-5α（H），14β（H），17β（H）-24-乙基胆甾烷+ 20S-5α（H），14β（H），17β（H）-24-乙基胆甾烷］
C29αββ/C27-C29 αββ	［20R-5α（H），14β（H），17β（H）-24-乙基胆甾烷+ 20S-5α（H），14β（H），17β（H）-24-乙基胆甾烷］/ ［20R-5α（H），14β（H），17β（H）-胆甾烷+ 20S-5α（H），14β（H），17β（H）-胆甾烷+ 20R-5α（H），14β（H），17β（H）-24-甲基胆甾烷+ 20S-5α（H），14β（H），17β（H）-24-甲基胆甾烷+ 20R-5α（H），14β（H），17β（H）-24-乙基胆甾烷+ 20S-5α（H），14β（H），17β（H）-24-乙基胆甾烷］

表 3.4　萜烷类诊断比值

比值缩写	定义
C23 萜/C24 萜	［13β（H），14α（H）-C23 三环萜烷］/［13β（H），14α（H）-C_{24}三环萜烷］
Ts/Tm	18α（H），21β（H）-22，29，30-三降藿烷/［17α（H），21β（H）-22，29，30-三降藿烷］
C29αβ/C30αβ	17α（H），21β（H）-30-降藿烷/17α（H），20β（H）-藿烷
C31αβ［S/（S+R）］	22S-17α（H），21β（H）-升藿烷/［22S-17α（H），21β（H）-升藿烷+22R-17α（H），21β（H）-升藿烷］
C32αβ［S/（S+R）］	22S-17α（H），21β（H）-二升藿烷/［22S-17α（H），21β（H）-二升藿烷+22R-17α（H），21β（H）-二升藿烷］
C33αβ［S/（S+R）］	22S-17α（H），21β（H）-三升藿烷/［22S-17α（H），21β（H）-三升藿烷+22R-17α（H），21β（H）-三升藿烷］
C34αβ［S/（S+R）］	22S-17α（H），21β（H）-四升藿烷/［22S-17α（H），21β（H）-四升藿烷+22R-17α（H），21β（H）-四升藿烷］
C35αβ［S/（S+R）］	22S-17α（H），21β（H）-五升藿烷/［22S-17α（H），21β（H）-五升藿烷+22R-17α（H），21β（H）-五升藿烷］
C28αβ/（C28αβ+C30αβ）	17α（H），18α（H），21β（H）-28，30-二降藿烷/17α（H），21β（H）-藿烷
伽玛蜡烷/升藿烷	伽玛蜡烷/［22S-17α（H），21β（H）-30-升藿烷+22R-17α（H），21β（H）-30-升藿烷］
奥利烷/藿烷	18α（H）-奥利烷/17α（H），21β（H）-藿烷
Σ 三环萜烷/藿烷	Σ 三环萜烷/藿烷（注：可选用样品中浓度较高的几个三环萜烷）
C30 重排藿烷/藿烷	C30 重排藿烷/17α（H），21β（H）-藿烷
莫烷/藿烷	17β（H），21α（H）-莫烷/17α（H），21β（H）-藿烷

此外，还有一些如倍半萜类、单金刚烷、双金刚烷、芳香甾萜类的比值也经常用于溢油鉴别（表 3.5 和表 3.6）（Zhendi Wang，2006）。

表 3.5　多环芳烃类诊断比值

比值缩写	定义
P/An	菲/蒽
2-MP/1-MP	2-甲基菲/（2-甲基菲+1-甲基菲）
4-MD/1-MD	4-甲基二苯并噻吩/（4-甲基二苯并噻吩+1-甲基二苯并噻吩）
C2-D/C2-P：C3-D/C3-P	（C2-二苯并噻吩/C2-菲）/（C3-二苯并噻吩/C3-菲）

续表 3.5

比值缩写	定义
C3D/C3P：C3D/C3C	（C3-二苯并噻吩/C3-菲）/（C3-二苯并噻吩/C3-屈）
（4-6 环 PAH）/ΣPAH	非烷基化的 4-6 环多环芳烃/所测总多环芳烃之比
Σnaphs/ΣPAH	萘及其烷基化系列总和/所测总多环芳烃之比
Σphens/Σdibens	菲及其烷基化系列总和/二苯并噻吩及其烷基化系列总和
Σnaphs/Σphens	萘及其烷基化系列总和/菲及其烷基化系列总和
Σchrys/Σphens	屈及其烷基化系列总和/菲及其烷基化系列总和
Σchrys/Σdibens	屈及其烷基化系列总和/二苯并噻吩及其烷基化系列总和
C2D/（C2P+C2D）	C2-二苯并噻吩/（C2-菲+C2-二苯并噻吩）
C3D/（C3P+C3D）	C3-二苯并噻吩/（C3-菲+C3-二苯并噻吩）
C3D/（C3C+C3D）	C3-二苯并噻吩/（C3-屈+C3-二苯并噻吩）
（2-MP+3-MP）/（P+1-MP+9-MP）	（2-甲基菲+3-甲基菲）/（菲+1-甲基菲+9-甲基菲）
2-MP/（P+1-MP+9-MP）	2-甲基菲/（菲+1-甲基菲+9-甲基菲）
（2，6-DMN+2，7-DMN）/（1，5-DMN）	（2，6-二甲基萘+2，7-二甲基萘）/（1，5-二甲基萘）
（2，7-DMN）/（1，8-DMN）	（2，7-二甲基萘）/（1，8-二甲基萘）
（2，3，6-TMN）/（1，4，6-TMN+1，3，5-TMN）	（2，3，6-三甲基萘）/（1，4，6-三甲基萘+1，3，5-三甲基萘）
C0N：C1N：C2N：C3N：C4N	萘：C1-萘：C2-萘：C3-萘：C4-萘：
C0P：C1P：C2P：C3P：C4P	菲：C1-菲：C2-菲：C3-菲：C4-菲：
C0D：C1D：C2D：C3D	二苯并噻吩：C1-二苯并噻吩：C2-二苯并噻吩：C3-二苯并噻吩
C0F：C1F：C2F：C3F	芴：C1-芴：C2-芴：C3-芴
C0C：C1C：C2C：C4C	屈：C1-屈：C2-屈：C3-屈

表 3.6　倍半萜类、金刚烷、芳甾类诊断比值

	比值缩写	定义
倍半萜	P1/P2	C14 峰群中：第 1 峰/第 2 峰
	P3/P5，P4/P5，P6/P5	C15 峰群中：第 3 峰/第 5 峰，第 4 峰/第 5 峰，第 6 峰/第 5 峰
	P8/P10	C16 峰群中：第 8 峰/第 10 峰
	P1/P3，P1/P5，P3/P10，P5/P10	峰群间：第 1 峰/第 3 峰，第 1 峰/第 5 峰，第 3 峰/第 10 峰，第 5 峰/第 10 峰

续表 3.6

	比值缩写	定义
单金刚烷	MAI	甲基单金刚烷指数：1-甲基单金刚烷/（1-甲基单金刚烷+2-甲基单金刚烷）
	DMAI	二甲基单金刚烷指数：［1，4-二甲基单金刚烷（顺式/反式），1，3-二甲基单金刚烷］/（1，3-二甲基单金刚烷+1，4-二甲基单金刚烷+1，2-二甲基单金刚烷）
	TMAI	三甲基单金刚烷指数：1，3，4-三甲基单金刚烷（顺式/反式）
	EAI	乙基单金刚烷指数：1-乙基单金刚烷/（1-乙基单金刚烷+2-乙基单金刚烷）
双金刚烷	MDI	甲基双金刚烷指数：4-甲基双金刚烷/（1-甲基双金刚烷+3-甲基双金刚烷+4-甲基双金刚烷）
		相对分布：C0-双金刚烷：C1-双金刚烷：C2-双金刚烷：C3-双金刚烷
三芳甾		C20 三芳甾/（C20 三芳甾+C21 三芳甾）
		C26 三芳甾（20S）/［C26 三芳甾（20S）+C28 三芳甾（20R）之和］
		C27 三芳甾（20R）/C28 三芳甾（20R）
		C28 三芳甾（20R）/C28 三芳甾（20S）
		C26 三芳甾（20S）/［C26 三芳甾（20S）+C28 三芳甾（20S）之和］
		C28 三芳甾（20S）/［C26 三芳甾（20S）+C28 三芳甾（20S）之和］
单芳甾		C27、C28、C29 单芳甾相对分布

3.4.3.3 诊断比值的解释及其意义

用于溢油鉴别中的诊断比值，只要能够反应不同油品间的差异并且在环境中较为稳定就可以，不一定具有某种生源意义，但许多诊断比值来源于油气地球化学，如果我们了解这些诊断比值的生源意义，则能更好地理解和运用这些诊断比值。

1）饱和烃诊断比值

（1）饱和链烷烃（正构烷烃）中的诊断比值

正构烷烃常用的比值有 OEP（CPI）值、（C21+C22）/（C28+C29）等。OEP 值为奇偶优势值，其反映了奇数碳和偶数碳随碳数增加的偏差变化，随着沉积有机质或烃类的成熟度增加，偏差逐渐缩小，因此该指标具有指示成熟度的意义。在国内常用 CPI 值（奇数正构烷烃的总和/偶数正构烷烃的总和）代替，或者简化为（C23+C25+C27+C29+C31+C33）/（C24+C26+C28+C30+C32+C34）。（C21+C22）/（C28+C29）是由菲里甫（1974）

研究海、陆相生油有机质提出的。陆相有机质由于富集高碳数直链烷烃，这一比值低，为 0.6～1.6。海相有机质为 1.5～5.0。国内研究者参照这一机理也应用类似的 C23 前/C24 后、C21 前/C22 后等指标。

（2）姥鲛烷、植烷相关比值

姥鲛烷、植烷通常具有很高的丰度，并且紧靠 C17、C18 出峰，易于辨认，因此常用这两种物质之间的比值和其与 C 17、C 18的比值作为鉴别指标。姥鲛烷、植烷这些类异戊间二烯化合物一般认为是来源于叶绿素的植醇侧链，植醇向类异戊间二烯化合物的转化方向取决于原始有机质局部沉积环境的氧化还原电位。在有氧的弱氧化-弱还原环境下，经过氧化途径生成姥鲛烷；在缺氧的还原环境下，经过还原途径生成植烷。因此姥鲛烷/植烷比值能够反应原始有机质沉积环境的氧化还原电位。有学者认为盐湖相、咸水深湖相原油 Pr/Ph 为 0.2～0.8，具有植烷优势；淡水—微咸水深湖相的氧化—弱还原环境的原油 Pr/Ph 为 0.8～2.8，淡水湖相的氧化—弱还原环境的原油 Pr/Ph 为 2.8～4.0，姥鲛烷优势明显。在我国原油中珠江口盆地原油具有很高的姥鲛烷优势。姥鲛烷/植烷比值也是反映有机质成熟度的指标。在干酪根处于低熟至成熟门限以前，沉积有机质中的植醇并未大量转化为植烷，而主要是干酪根热降解出类异戊二烯烃，使姥鲛烷/植烷比值增大。当达到成熟门限时，在干酪根大量热降解出烃类时，也达到了植醇大量转化植烷的熟化温度和时间条件，植烷逐渐增加，使姥鲛烷/植烷比值减小。植烷的增加可能一直延续到高成熟和过成熟阶段，姥鲛烷/植烷比值持续降低。与姥鲛烷、植烷相关的常用比值还有 nC17/姥鲛烷、nC18/植烷等。与姥鲛烷/植烷一样，nC17/姥鲛烷、nC18/植烷同样也因沉积环境和成熟度不同而变化。原油在埋藏过程中，正构烷烃容易发生生物降解而降低浓度，nC17/姥鲛烷、nC18/植烷比值也会随之变小。

（3）萜烷类比值

原油里萜烷中一般藿烷占绝对优势，通常 C30αβ 藿烷丰度最高，一般把其他萜烷与藿烷相比较，得到一系列诊断比值，如三环萜烷/藿烷、奥利烷/藿烷、伽马蜡烷/藿烷、25-降藿烷/藿烷、C30 重排藿烷/藿烷、莫烷/藿烷等以及某些藿烷类化合物之间的比值，如 Ts/Tm，αβ 升藿烷/βα 升藿烷等。常用伽马蜡烷指数（伽马蜡烷与 C30 藿烷之比）来表示伽马蜡烷的丰度。咸化或盐湖相生成的原油富含伽马蜡烷，当氯离子和硫酸根离子含量之和在 0.1%～0.2%范围内时，伽马蜡烷含量随盐度增加而增加，盐度过低或过高，伽马蜡烷含量都急剧减小。

（4）规则甾烷相关比值

成岩过程中最初形成的甾烷保留了它们甾醇先质 5α、14α、17α、20R 的生物构型，而随着埋深和温度的增加，沉积岩中的甾烷趋向于更稳定的 5α、14β、17β 构型；还在 C-20 位异构化形成 20S 化合物。因此甾烷的 20S/（20S+20R）和 ββ/（αα+ββ）比值随原油成熟度不同而变化。C27 甾烷主要是低等水生生物藻类来源，而 C29 甾烷则主要是高等植物来源，因此它们之间的比例关系能够反映烃源岩生烃的母质类型，实际用到的比值为 C27/（C27+C28+C29）、C28/（C27+C28+C29）、C29/（C27+C28+C29）。

（5）低碳数/高碳数甾类烃

低分子甾烷（C20~C22）相对于高分子甾烷（C26~C29）的丰度，随着成熟度增加而增加。这可能是因为低分子甾类比较稳定，不受热降解影响，或者它们是高碳数甾类烃侧链上 C-C 键断裂后的产物。

（6）4-甲基甾烷和甲藻甾烷相关比值

4-甲基甾烷和甲藻甾烷能够更为明显地标记生源和古环境。4-甲基甾烷主要富集于淡、微咸水湖相原油中。甲藻甾烷则指示出咸化沉积环境，它来源于海相甲藻类先质物，也有的来源于湖相、半咸化环境。

（7）C29 规则甾烷/C30 甲基甾烷

该比值反映了沉积在烃源岩中高等植物和沟鞭藻类量的关系。

2）芳香烃诊断比值

（1）常规检测的多环芳烃诊断比值

原油中常规检测的多环芳烃有萘、菲、屈、芴、硫芴、氧芴、芘、苯等系列，这些多环芳烃的母体和它们的烷基化取代物是一类数量庞大的化合物。这些多环芳烃中一部分来源于燃烧，如远古森林大火；另一部分多环芳烃是由甾、萜烷类等化合物芳构化而形成。这些常规检测的多环芳烃有许多被用于物源研究、油源对比、沉积环境和成熟度研究方面，其在油指纹鉴别方面也有着很好的应用意义。陆相原油中菲、屈类平均含量高于海相原油，而海相原油则有较明显的硫芴优势。芴、氧芴、硫芴的相对百分含量能够指示沉积环境，在海相油与陆相油之间表现出明显的差别。甲基菲指数（Radke etc.，1983）是重要的成熟度指标，其形式有两种：MPI1＝1.5×（2-MP＋3-MP）/（P＋1-MP＋9-MP），MPI2＝3×（2-MP）/（P＋1-MP＋9-MP）。二甲基萘、三甲基萘相关比值（Alexander，1985）也可表征热成熟度，如（2，6-DMN＋2，7-DMN）/（1，5-DMN）；（2，7-DMN）/（1，8-DMN）；（2，6-DMN）/（1，8-DMN）；（1，7-DMN）/（1，8-DMN）；（1，6-DMN）/（1，8-DMN）；（2，3，6-TMN）/（1，4，6-TMN+1，3，5-TMN）等。

（2）芳香甾、萜类化合物诊断比值

许多来源于生物体的甾、萜类生物先质，经芳构化作用生成各类芳香甾、萜类化合物。芳甾类化合物按芳环数量分为单芳甾、双芳甾、三芳甾。在早期成岩作用中形成了单芳甾，而随着热成熟度增加，单芳甾逐渐减少，最终形成更稳定的三芳甾。重排单芳甾与规则单芳甾的比值能够反映古沉积环境。双芳甾是单芳甾向三芳甾演化过程的中间产物，热稳定性差，在油中含量很少。单芳甾与三芳甾这二者的比值或它们与规则甾烷的比值能够反映原油的热成熟度。用到的比值有重排/（重排+规则）单芳甾、低分子量单芳甾/（低分子量单芳甾＋规则单芳甾）、低分子量三芳甾/（低分子量三芳甾＋规则三芳甾）、C26-三芳甾 20S/（20S+20R）等。芳香萜类化合物在油源对比、沉积环境、成熟度等方面应用研究还不多，但因其来源于油类生物先质，不受环境沾污，且结构稳定，因此只要有足够的含量，便可应用于指纹鉴别。

3.5　不同油品的油指纹特征

油品（包括原油及其炼制品）组成复杂，能从其中获得的信息量非常多，在油指纹鉴别中，我们不可能对所有信息进行分析比较，通常基于一些特征信息进行鉴别。而油品中许多特征组分的不稳定性，要求在利用时有所选择（Zhengdi Wang et al.，1997）。用于油指纹鉴别的主要特征物质需满足一些要求：在所有原油中一般都存在；含量足以准确分析；在环境中较稳定；在环境中除了石油以外，没有其他显著的输入来源。目前常用于油指纹鉴别的特征物质主要包括链烷烃、环烷烃、芳香烃和有机硫化合物以及一些被称为“生物标志化合物”（Biomarkers）的甾烷和萜烷类化合物。

3.5.1　正构烷烃和异构烷烃分布特征

新鲜汽油气相色谱的谱图特征是轻质、可分辨烃占优势，UCM 鼓包最小（图 3.1）。高分子量的生物标志化合物在汽油中很少，而 m/z 216 中的芘系列、姥姣烷和植烷等值得关注（CEN）。商业喷气燃料（Jet A）的气相色谱图（图 3.2）可分辨正构烷烃占优势，碳原子范围较窄从 n-C7 到 n-C18，最大浓度在 n-C11，可以清楚地辨别 UCM。

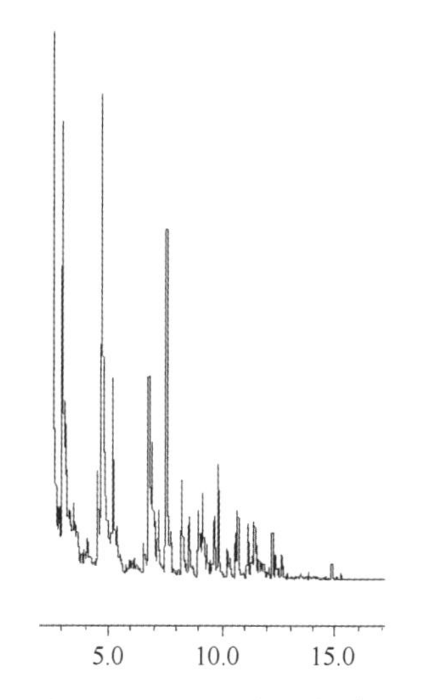

图 3.1　90#汽油气相色谱图

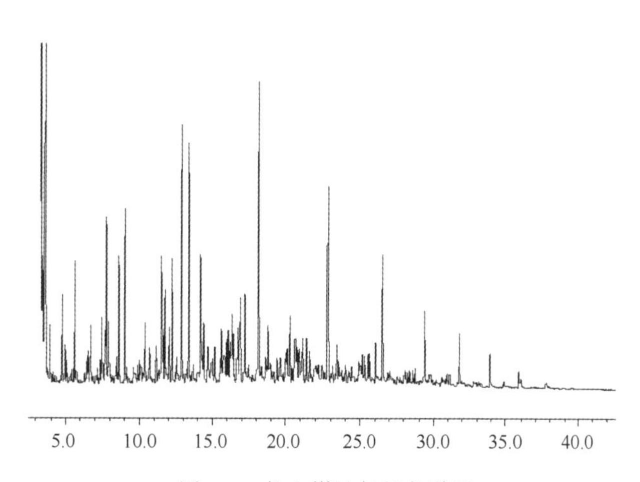

图 3.2　航空煤油气相色谱图

轻质柴油一般含有较丰富的正构烷烃，但正构烷烃碳数范围较短，一般小于 30，最高峰通常在 C16 左右，C30 以后正构烷烃含量很低，正构烷烃谱图轮廓呈现出典型的尖峰型（图 3.3），部分样品可能存在混合，出现两个主峰。由于 C17 和 C18 含量相对较高，轻质燃料油中正构烷烃诊断比值 C17/Pr 和 C18/Pr 均较高。

润滑油一般有较宽的气相色谱碳数范围，从 C18 到 C40，沸点高于 340℃，润滑油不含低沸点石油烃组分，主要组分是饱和烃。GC-FID 色谱图一般 UCM 占优势，仅有很少量

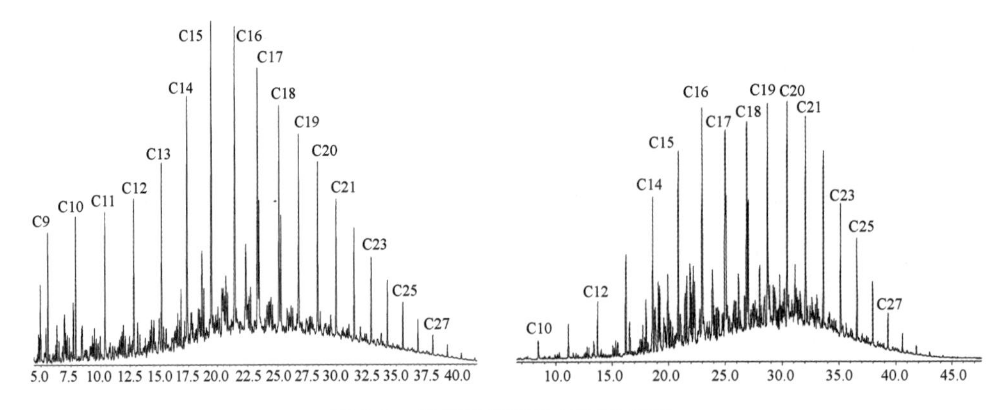

图 3.3　轻柴油燃料油气相色谱图

的可分辨峰存在（图 3.4）。

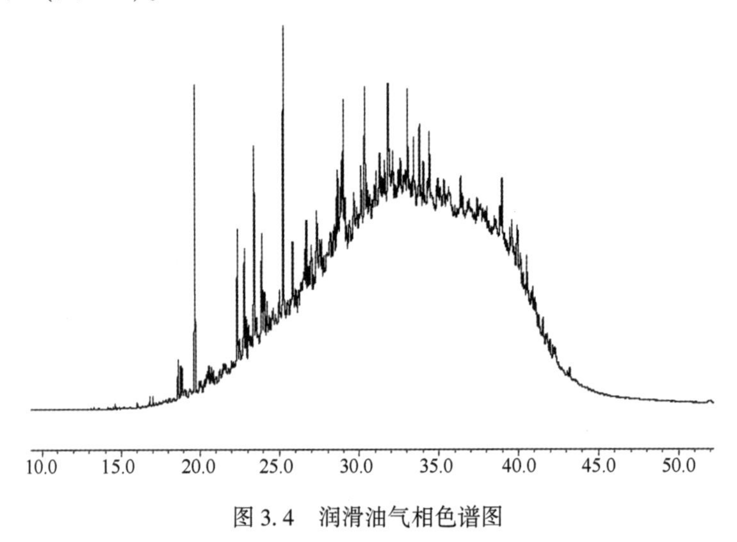

图 3.4　润滑油气相色谱图

重质燃料油中一般正构烷烃也较丰富，但低于一般的轻质燃料油，正构烷烃碳数范围和诊断比值较轻质油广，近似于一般原油。重质燃料油气相色谱图中一般可以同时观察到明显的正构烷烃和鼓包，鼓包比例均比较高。由于原料油来源和混合比例等差异，正构烷烃和鼓包的具体形态多种多样（图 3.5）。

原油中正构烷烃含量随油品降解程度不同而不同。在降解严重的原油样品中，正构烷烃几乎全部丢失，与一般燃料油品在谱图上存在较明显的差别，易于区分。一些正构烷烃极丰富的样品，其鼓包相对很小，几乎已不可见，目前尚未见到此类的燃料油样品，可与燃料油样品进行区分。而对于正构烷烃比较丰富但同时也有明显鼓包的原油样品，则往往与某些类型的燃料油较为相似，区分起来存在一定难度。典型原油气相色谱图见图 3.6。

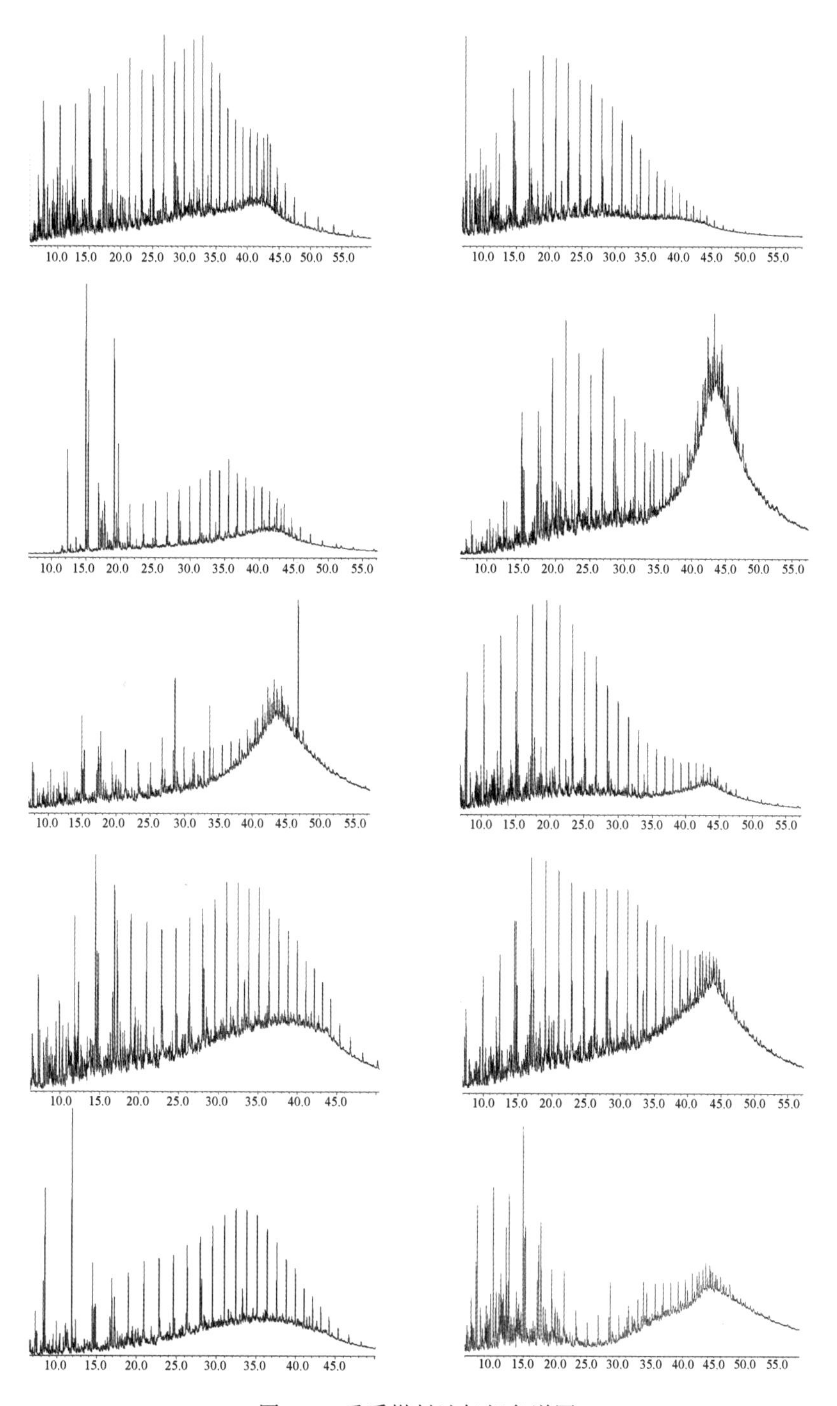

图 3.5　重质燃料油气相色谱图

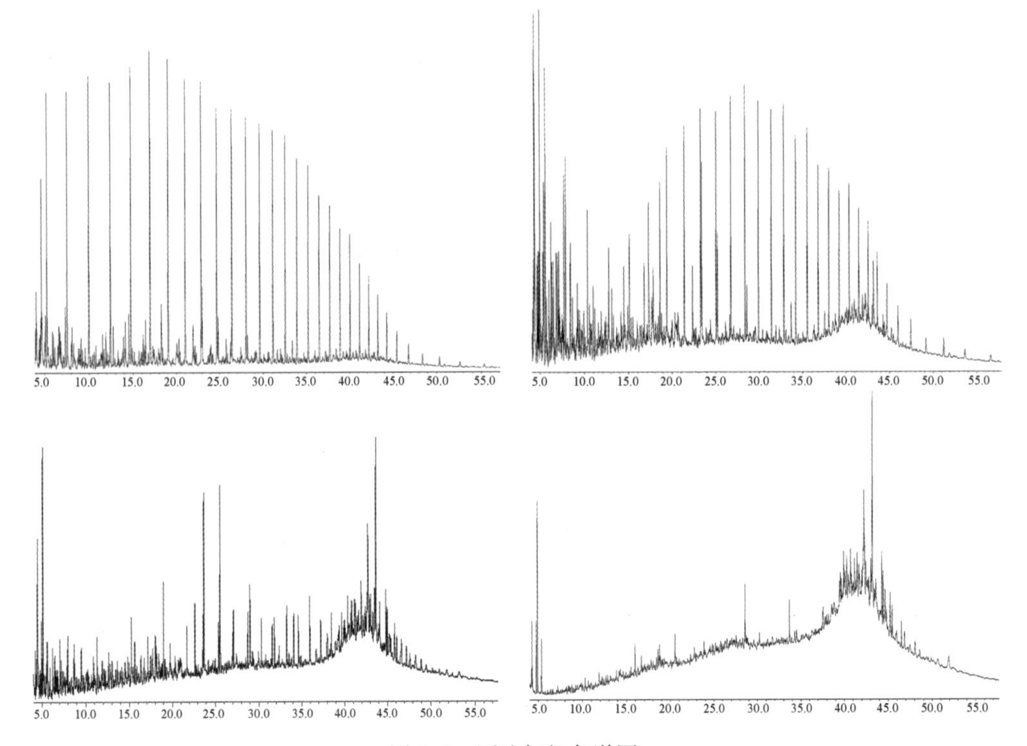

图 3.6　原油气相色谱图

3.5.2　多环芳烃分布特征

3.5.2.1　常规多环芳烃系列

轻质燃料油中常规多环芳烃系列一般含量丰富，尤其是萘系列含量较高，屈系列由于其分子量较大，因此在轻质油中含量极低。轻质燃料油从其芳烃分布状况来看还可以分为不同的类型（图 3.7），代表了不同的轻重程度。第一类为最轻的一类，芳烃中萘系列占绝对优势，芴系列也有比较显著的丰度，菲系列浓度很低，二苯并噻吩和屈系列浓度极低。第二类为次轻的一类，芳烃中仍然以萘系列占优势，芴系列也有较高的丰度，菲系列浓度也较为显著，二苯并噻吩和屈系列浓度极低。第三类为较重的一类，芳烃中浓度最高的仍然是萘，而芴、菲、二苯并噻吩都有比较显著的丰度，只有屈系类浓度较低。第四类为轻质燃料油中最重的一类，芳烃中五大类常规多环芳烃萘、芴、菲、二苯并噻吩、屈都有较高的丰度。

重质燃料油中常规芳烃含量总体上略低于轻质燃料油，但屈系列含量较高（图 3.8）。大多数重质燃料油中各多环芳烃系列呈钟形分布。部分重质燃料油中母体萘的相对浓度非常高，以致萘系列分布呈现逐渐下降趋势。还有一些样品中母体萘最高，但整个系列不呈逐渐降低趋势，后部分取代萘系列表现出钟形分布形态。另一些样品中虽然母体萘不是最高，也没有出现递降的趋势，但低取代萘仍然较高，不呈钟形分布。与轻质燃料油相比，

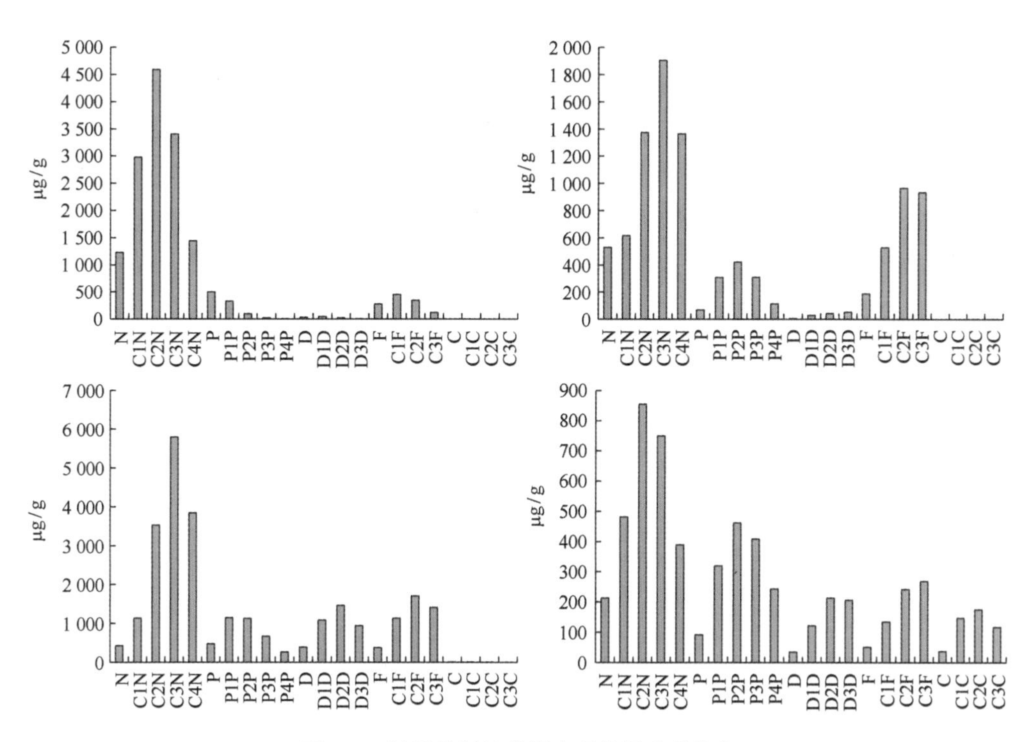

图 3.7　轻质燃料油常规多环芳烃系列分布

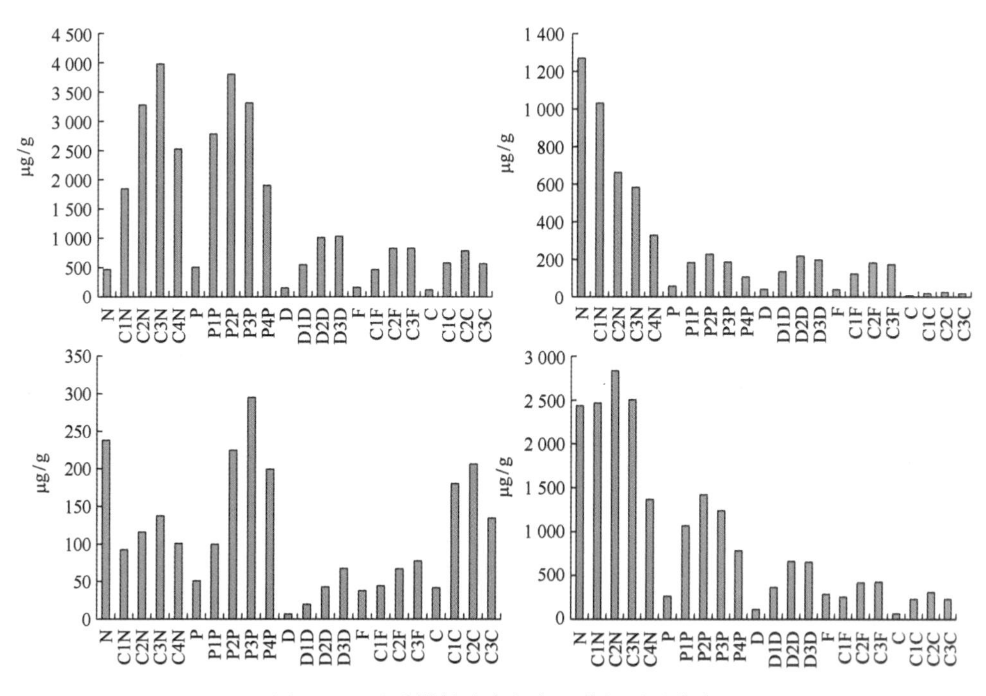

图 3.8　重质燃料油常规多环芳烃系列分布

重质燃料油中常规多环芳烃比值（C3-D/C3-C）则明显小于轻质燃料油。

原油中常规多环芳烃浓度分布范围较广，受原油降解的影响，不同降解程度的油品中常规多环芳烃系列表现出不同的形态（图 3.9）。在未降解油中，一般萘系列最为丰富，其次菲系列，但明显低于萘，一般都呈现出较为典型的钟形分布形态。在轻到中度降解油中，常规多环芳烃系列的分布形态一般与未降解油类似，以萘最为丰富，菲次之，菲系列相对含量可能会略有升高，各系列柱状图呈钟形。在重度降解油，有的油品常规多环芳烃仍然保持与未降解油相同的特征，有的油品则可以明显观察到萘系列相对含量降低。各系列的柱状图分布仍呈钟形。在一些降解程度极重的油中，常规多环芳烃系列的分布形态发生了巨大的变化，各系列柱状图呈逐渐升高形态，萘系列总浓度低于菲系列。

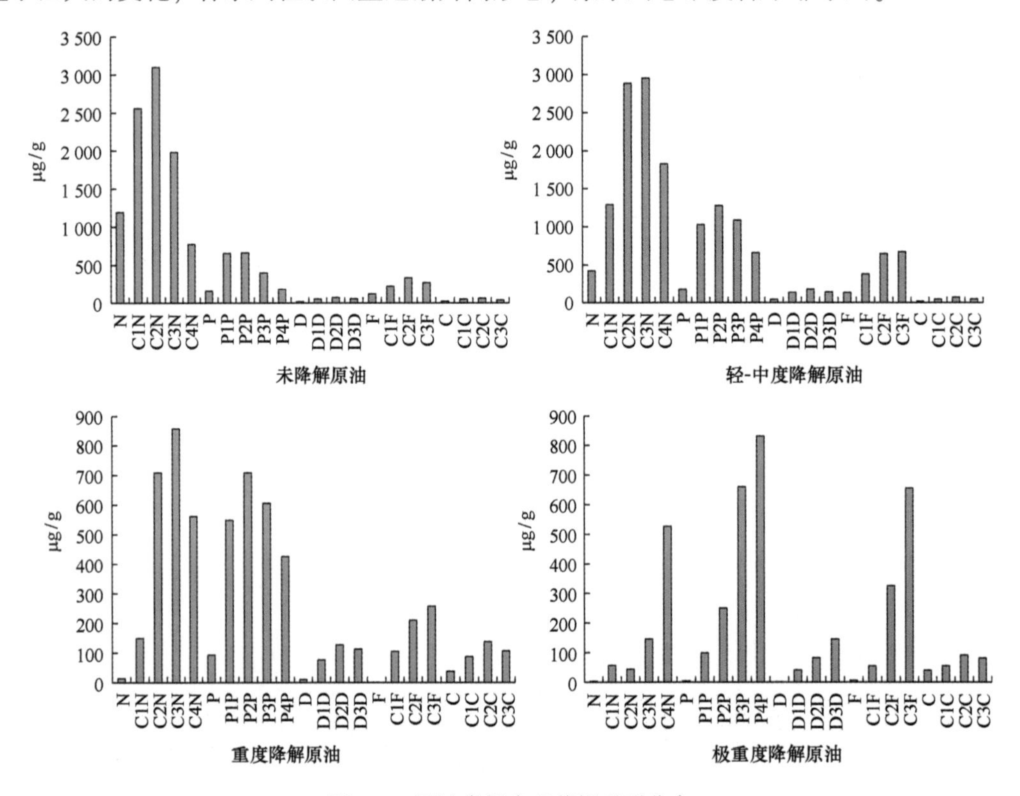

图 3.9　原油常规多环芳烃系列分布

3.5.2.2　常规单体多环芳烃

这里所指常规单体多环芳烃是指在 m/z 234、216、192、198 质量色谱图上的一些特征峰（见表 3.7），这些多环芳烃也是在溢油鉴别中被较为关注的指标。

表 3.7　常规单体多环芳烃列表

中文名称	英文或简写	特征离子
惹烯	Retene	234
2-甲基荧蒽	2-MF	216
苯并（a）芴	B（a）F	216
苯并（b+c）芴	B（b+c）F	216
2-甲基芘	2Mpy	216
4-甲基芘	4Mpy	216
1-甲基芘	1Mpy	216
3-甲基菲	3-MP	192
2-甲基菲	2-MP	192
9/4-甲基菲	9/4-MP	192
1-甲基菲	1-MP	192
甲基蒽	MA	192
4-甲基二苯并噻吩	4-MD	198
2/3-甲基二苯并噻吩	2/3-MD	198
1-甲基二苯并噻吩	1-MD	198

（1）惹烯：很轻的燃料油如柴油，由于其沸点范围很低，惹烯基本没有。大多数轻质燃料油仍然有相当浓度的惹烯，不过其相对 C4-D 的比例相对较低；也有部分轻质燃料油其惹烯含量很低，但相对比例却较高。重质燃料油中惹烯一般丰度不高，与 C4-P 的比值较小。原油中惹烯含量一般较为丰富，总体上高于一般重质燃料油，多数原油样品峰强度与其右侧相邻峰相当或略高。

（2）216 系列峰：216 系列峰包括甲基荧蒽、苯并芴、甲基芘等，其保留时间与惹烯接近，因此，惹烯缺失的很轻的燃料油中这部分峰也都缺失，其余大部分样品这系列峰都有较强的丰度，这一组峰分布形态各异，一般以 4-甲基芘为最高峰，1-甲基芘或 2-甲基芘为次高峰（图 3.10）。216 系列峰在重质燃料油中均有显著的丰度，与轻质燃料油相比，其分布形态略有差异（图 3.11），2-甲基芘丰度一般较高，很大一部分油中 2-甲基芘甚至取代 4-甲基芘成为最高峰。所分析原油样品中，B（a）F 丰度一般较高，多数样品中该峰为最高峰；2Mpy 的丰度一般不如重质燃料油显著，2Mpy/4-Mpy 比值的最大值与重质燃料油的最小值接近（图 3.12）。

（3）192 系列峰：192 系列峰包括甲基菲的 4 个峰和 1 个甲基蒽的峰，在轻质燃料油

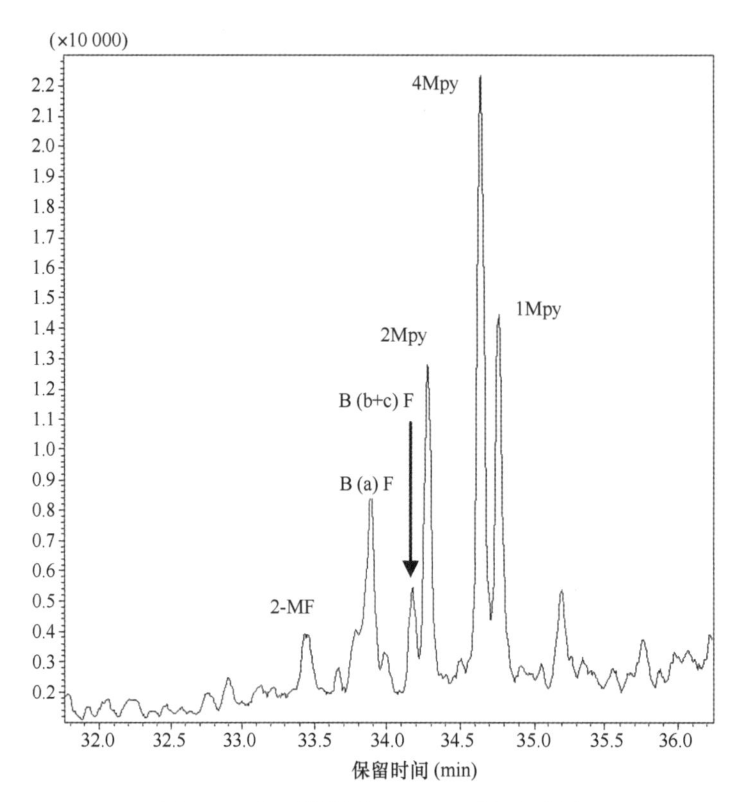

图 3. 10　轻质燃料油 m/z 216 质量色谱图

中均有较显著的丰度，甲基菲的 4 个峰分布形态各异（图 3. 13）。甲基蒽在有的油品中可以明显观察到，但其丰度不高，在有的油品中丰度极低难以检出。192 系列峰在重质燃料油中均有较显著的丰度，一般来说，甲基菲的 4 个峰中前两个峰（3-MP、2-MP）的丰度明显高于后两个峰（9/4-MP、1-MP），甲基蒽均有较高的丰度（图 3. 14）。从整体上看，甲基菲系列峰组在整个 m/z 192 质量色谱图上占优势地位，远高于萜烷系列在 192 上的出峰强度。原油样品甲基菲异构体的 4 个峰中，一般后两个峰稍大于前两峰。多数样品（3+2）MP/（9/4+1）MP 比值小于 1，但也有少数样品前两峰较大，极个别样品中（3+2）MP/（9/4+1）MP 比值甚至超过 2。原油样品中甲基蒽含量极低（图 3. 15）。

（4）三芳甾类：轻质燃料油中高沸点组分整体缺失，因此也不含有三芳甾或者含量极低。重质燃料油中三芳甾含量丰富，三芳甾的分布形态大致可分为两类（图 3. 16）。类型 I：有显著三芳甾，且 5 个芳甾峰清晰可辨，但 5 个峰中第一个峰（SC26TA，C26 20S 三芳甾烷）通常较低。类型 II：有显著三芳甾，但芳甾峰不清晰，有较多杂峰掩盖。原油中三芳甾类含量丰富，一般明显高于燃料油，5 个峰出峰清晰，但主峰经常多于 5 个（图 3. 17）。在燃料油谱图中三芳甾之前的一组峰，在原油中明显较低。也有极少数原油样品中 5 个芳甾峰丰度一般，前部一组峰相对强度较大。

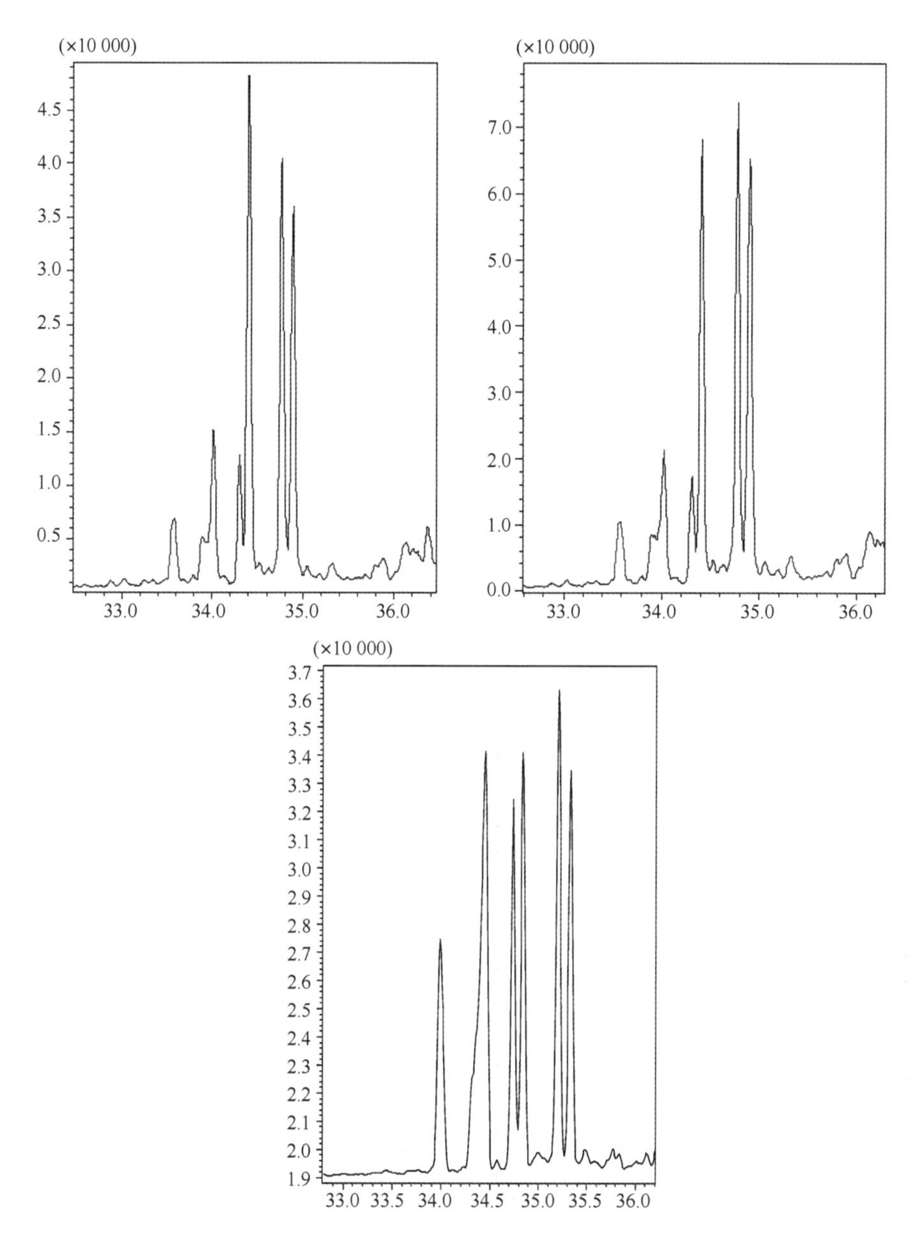

图 3.11　常见重质燃料油 m/z 216 质量色谱图

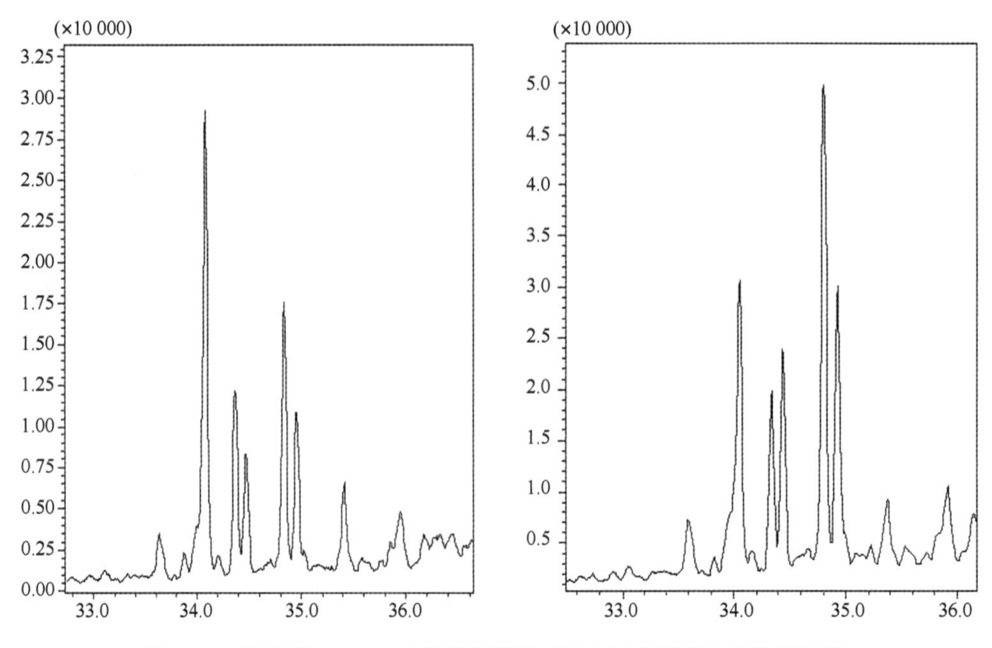

图 3. 12　常见原油 m/z 216 质量色谱图（两个图表示不同的形态种类）

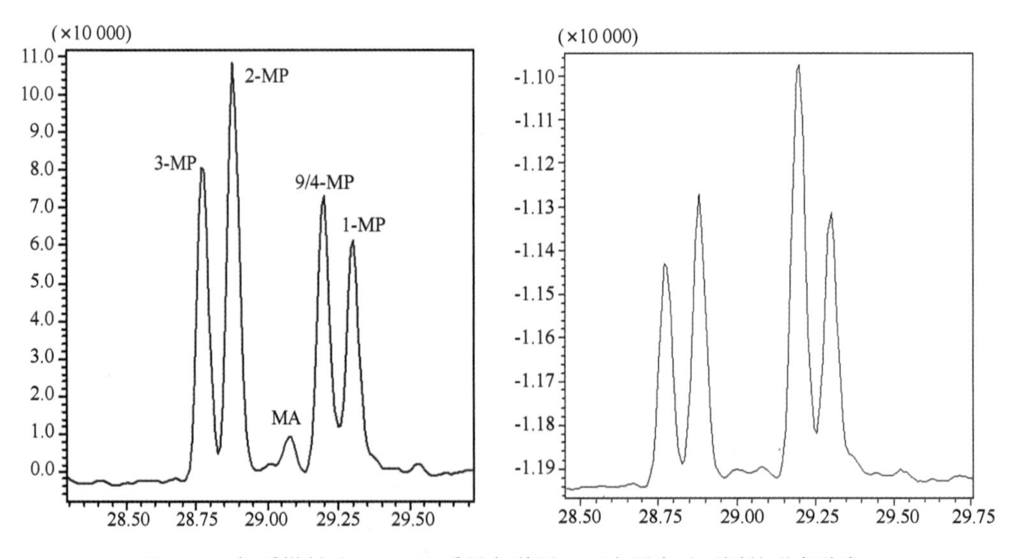

图 3. 13　轻质燃料油 m/z 192 质量色谱图（两个图表示不同的形态种类）

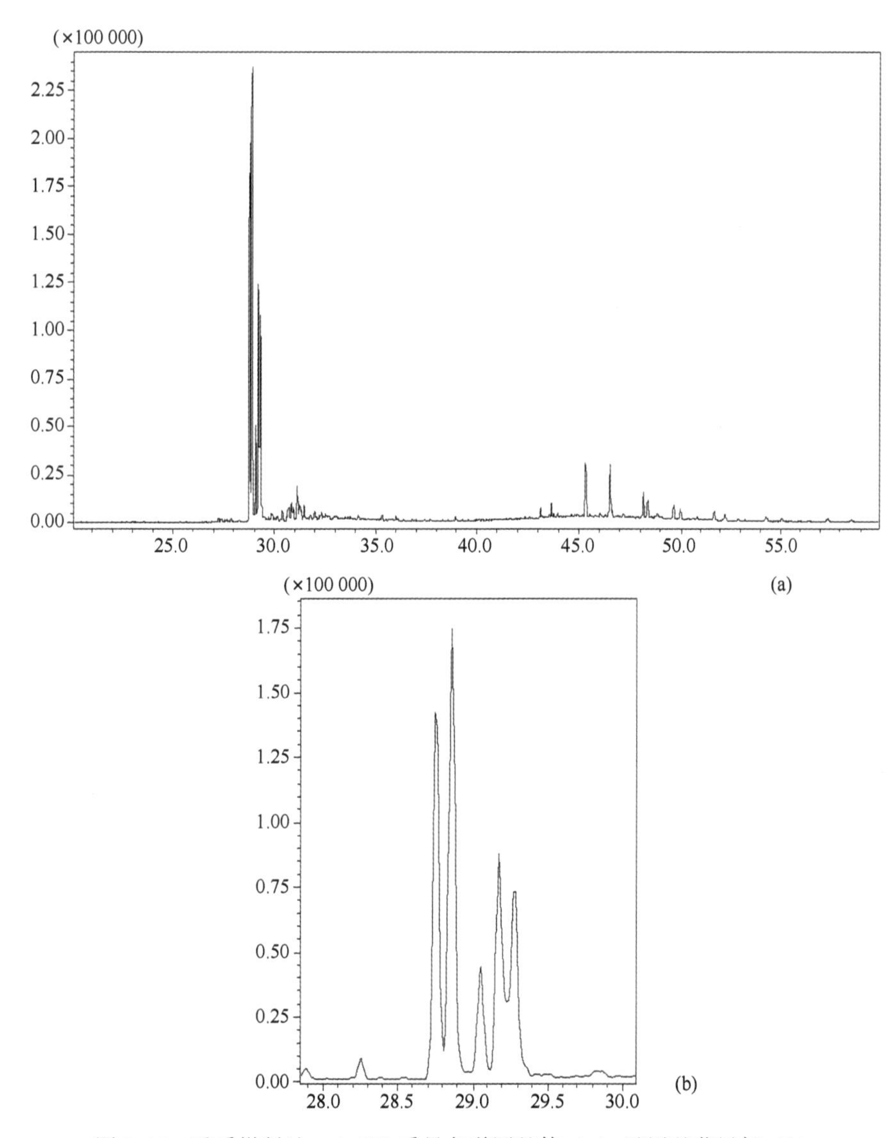

图 3. 14　重质燃料油 m/z 192 质量色谱图整体（a）及甲基菲局部（b）

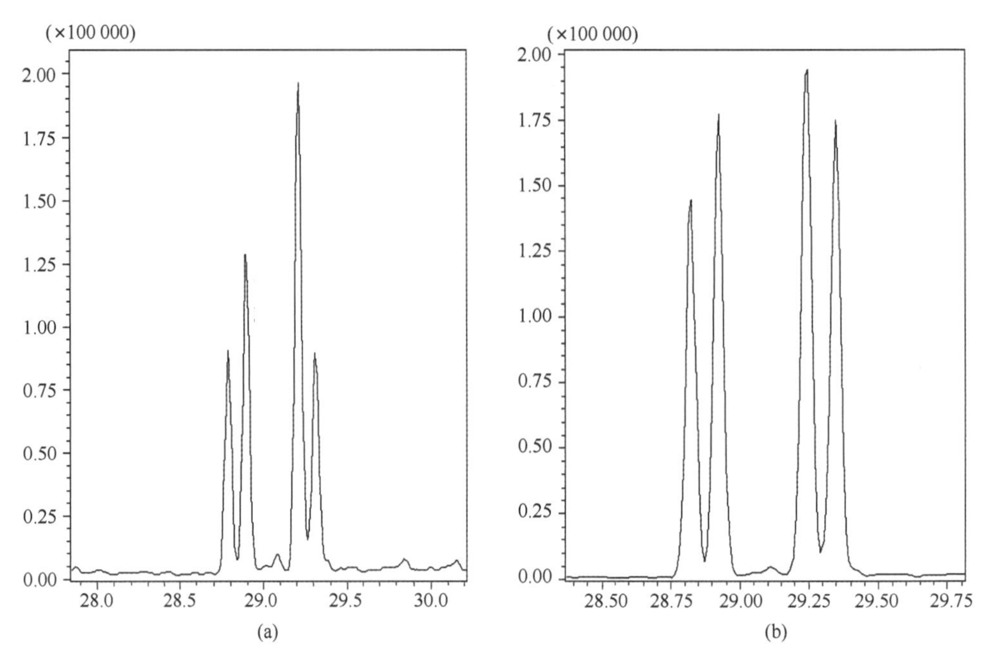

图 3.15 原油 m/z 192 质量色谱图（a、b 为不同形态种类）

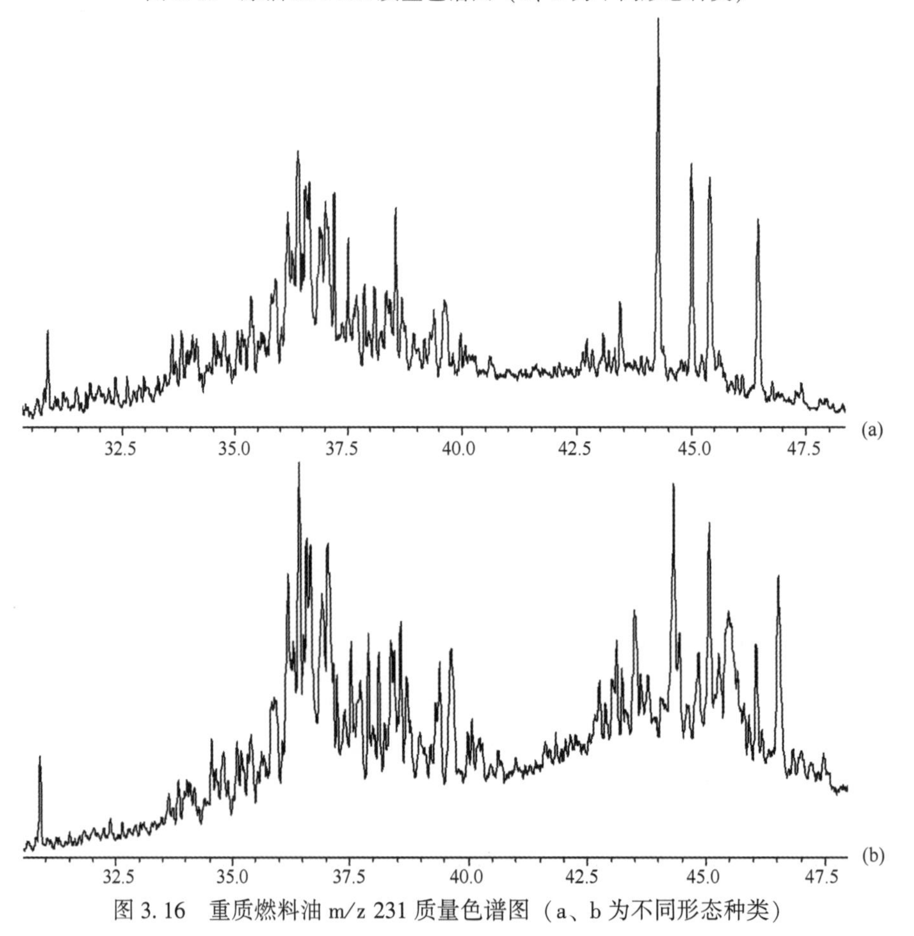

图 3.16 重质燃料油 m/z 231 质量色谱图（a、b 为不同形态种类）

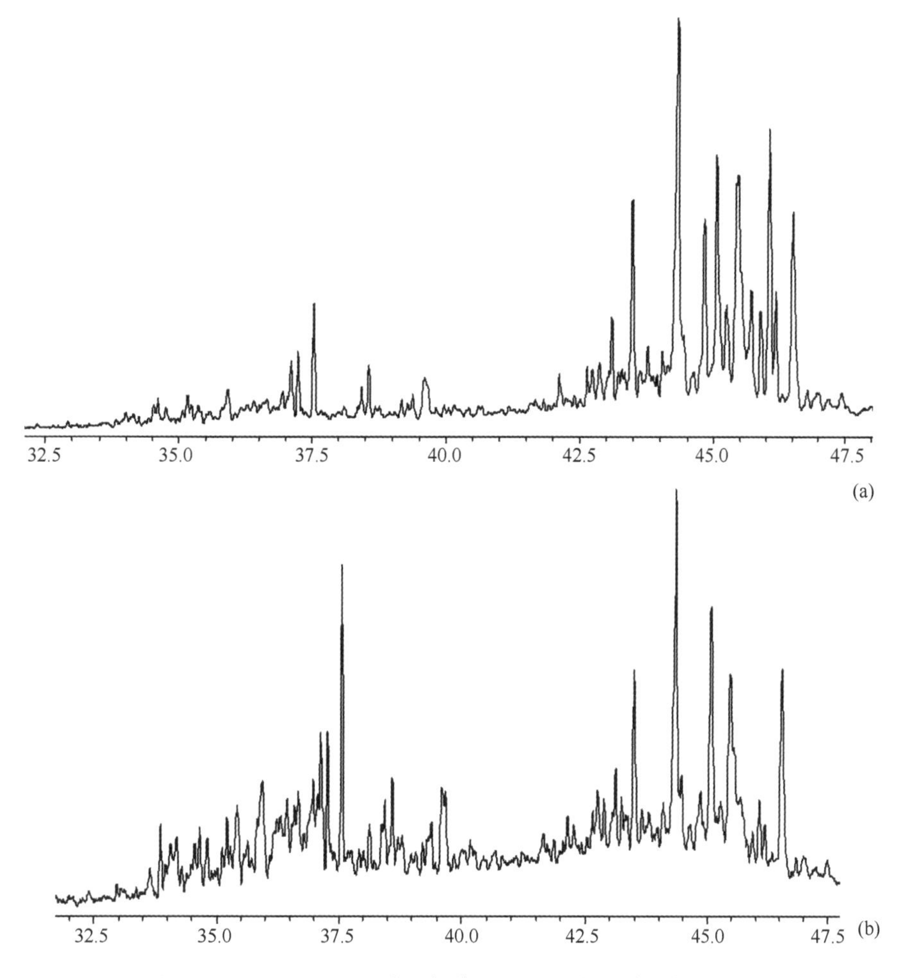

图 3.17　原油 m/z 231 质量色谱图（a、b 为不同形态种类）

3.5.3　萜烷分布特征

3.5.3.1　倍半萜烷

轻质燃料油中一般都有较丰富的倍半萜烷，在 m/z 123 质量色谱图上，除了可以观察到明显倍半萜峰以外，还可以发现有一个明显的形状比较规则对称的鼓包，倍半萜峰一般位于鼓包前部（图 3.18a），而很轻的油，则位于鼓包中部。重质燃料油沸点范围都较宽，各种轻重组分都比较完整，因此分子量较小的倍半萜烷在重质燃料油中一般都有较显著的丰度，但一般低于轻质燃料油。重质燃料油中倍半萜烷浓度明显低于轻质燃料油（图 3.19）。原油中倍半萜烷分布形态与重质燃料油较为类似，但丰度一般比重质燃料油高（图 3.20）。

3.5.3.2　三环萜烷

轻质燃料油中可以检测到三环萜烷，但丰度一般不高。重质燃料油中三环萜烷丰度也

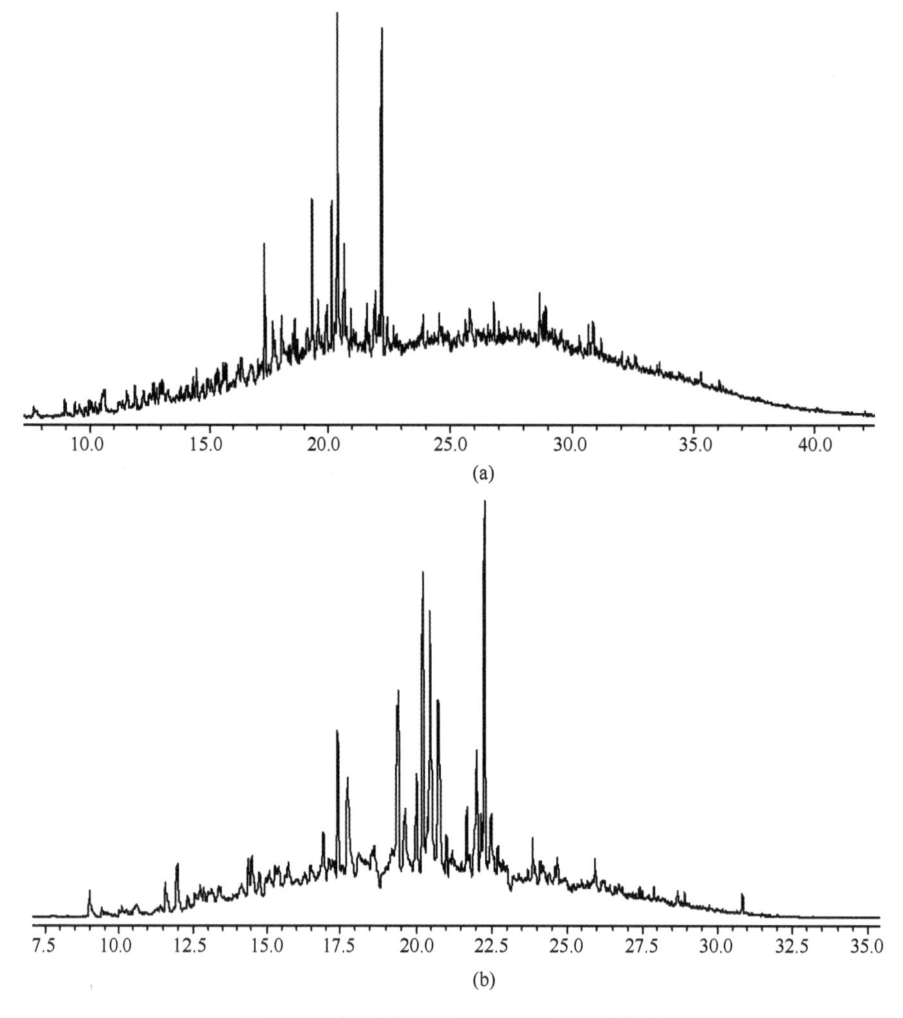

图 3.18　轻质燃料油 m/z 123 质量色谱图

不高，与轻质燃料油相近。原油中三环萜烷含量一般都较为丰富，明显比轻质燃料油和重质燃料油高。

3.5.3.3　五环萜烷

轻质燃料油中五环萜烷缺失。重质燃料油中包含有完整的五环萜烷系列，其谱图形状与一般原油相似。在重质燃料油的 m/z 191 质量色谱图中，五环萜烷一般不是优势组分，通常是 C1-P 系列和 C2-P 系列在该谱图中占有绝对优势地位（图 3.21）。原油中都含有较丰富的五环萜烷（图 3.22），多数样品中五环萜烷系列居于优势地位，只有少数样品五环萜烷处于劣势，然而也有几个样品，其 C1-P 和 C2-P 相对丰度异常高，甚至接近重质燃油上限的水平。

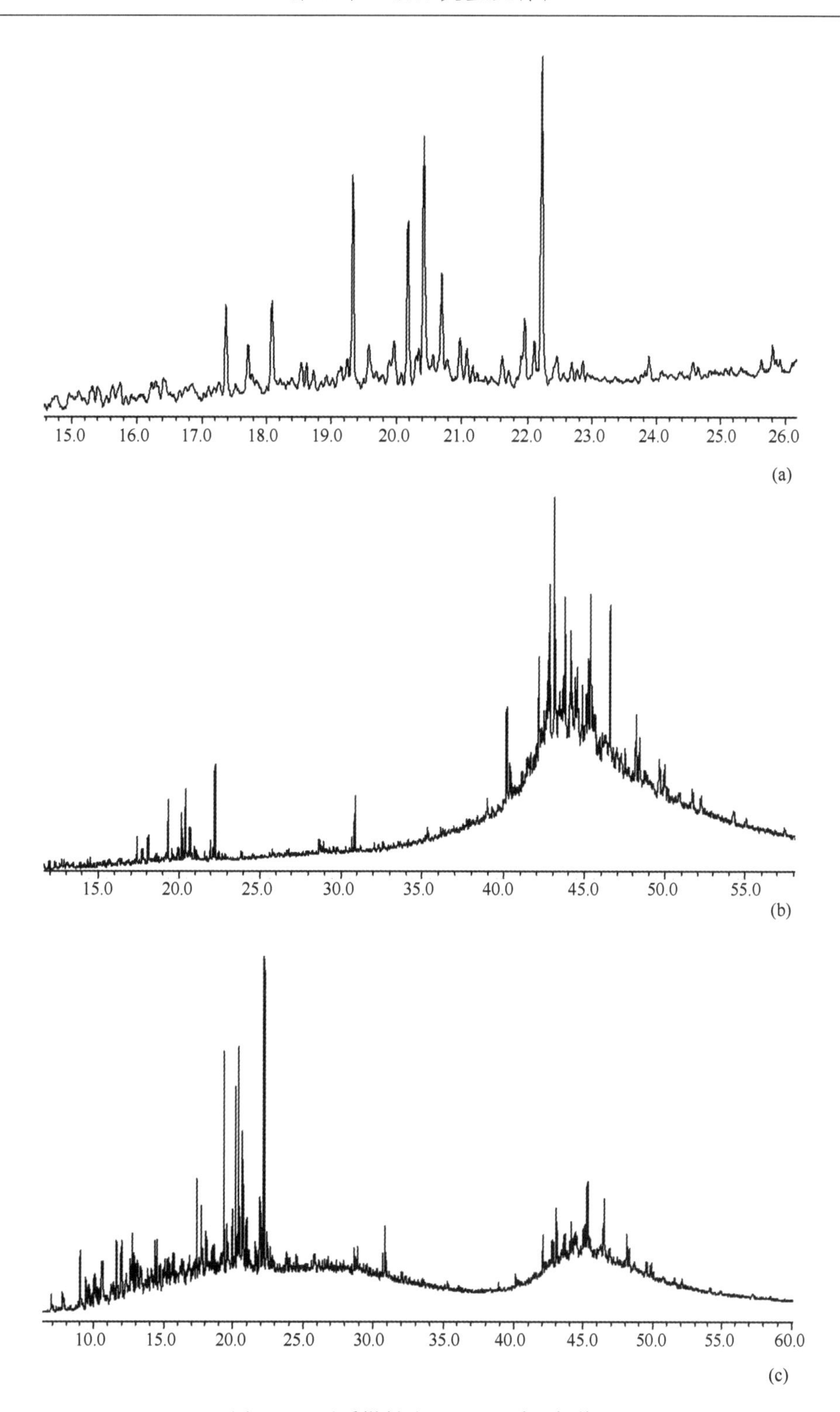

图 3. 19　重质燃料油 m/z 123 质量色谱图

a 为局部；b、c 为整体，表示两种不同的形态种类

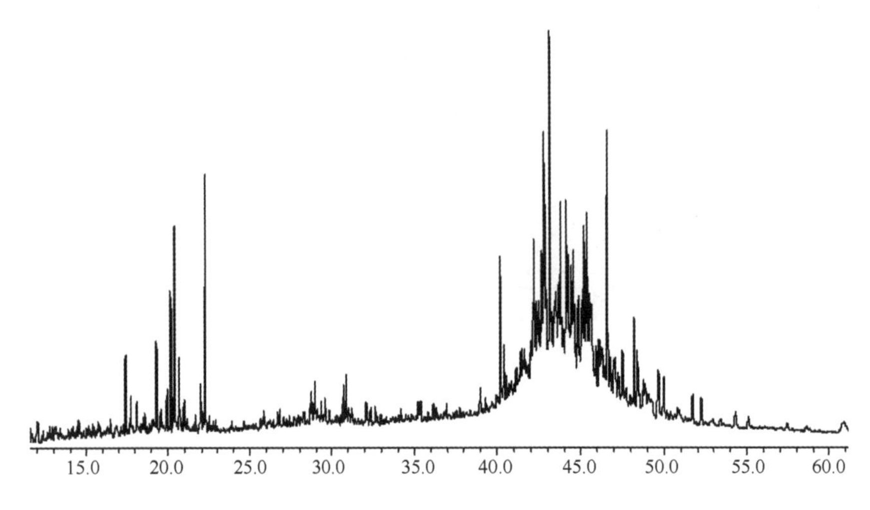

图 3.20　常见原油 m/z 123 质量色谱图

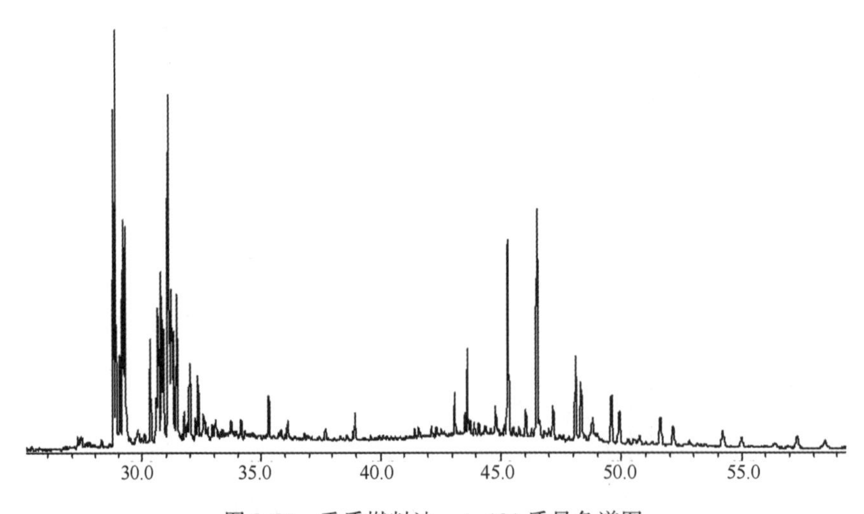

图 3.21　重质燃料油 m/z 191 质量色谱图

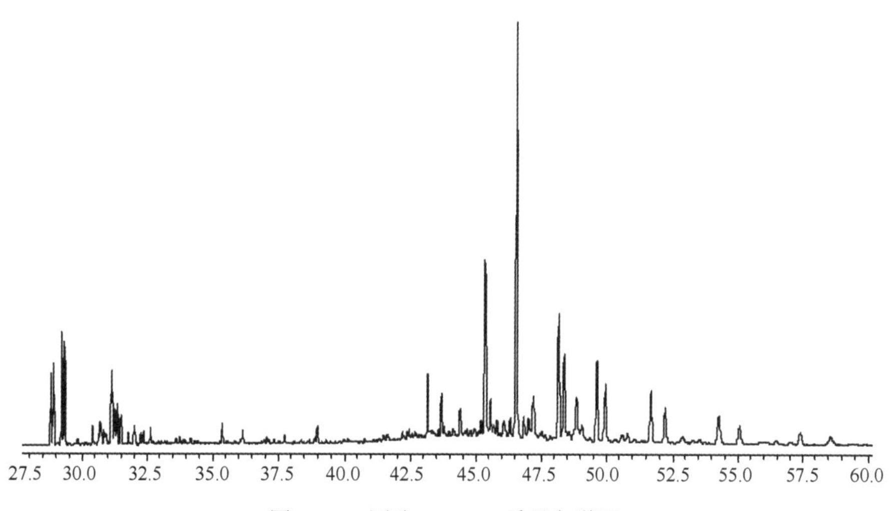

图3.22　原油 m/z 191 质量色谱图

3.5.4　甾烷分布特征

轻质燃料油中甾烷含量极低或完全缺失。重质燃料油中甾烷含量较为丰富，分布形态与原油类似，前面一般有一组“未知峰组”丰度较高（图3.23）。原油中甾烷含量丰富，在 m/z 217 质量色谱图中，“未知峰组”丰度一般很小（图3.24）。

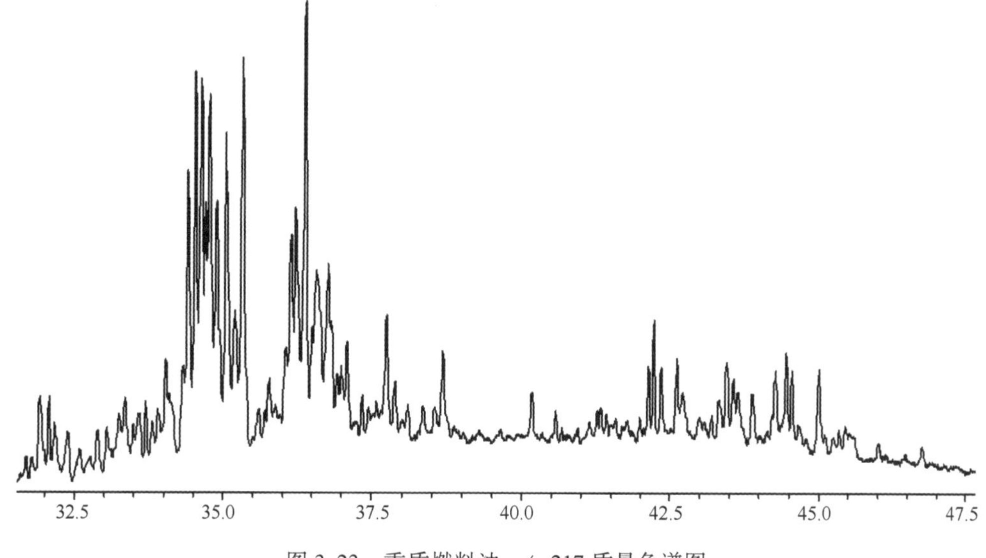

图3.23　重质燃料油 m/z 217 质量色谱图

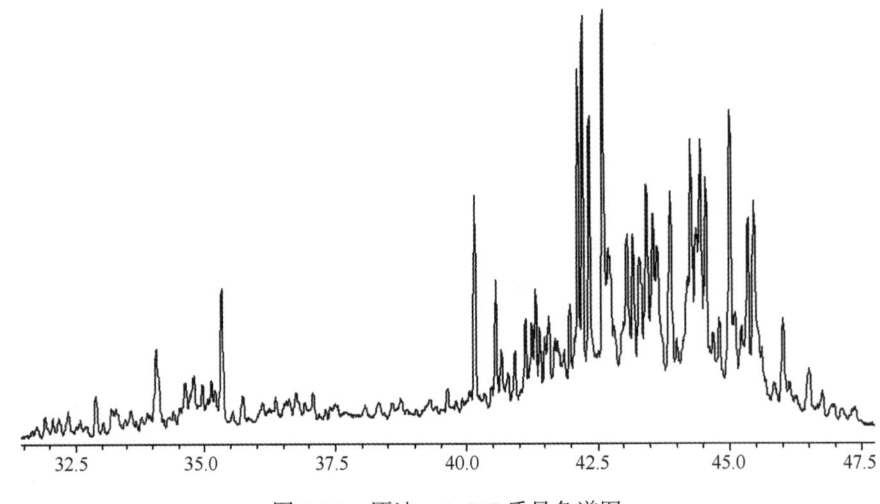

图 3.24　原油 m/z 217 质量色谱图

此外，重质燃料油与原油在比值“P/An”上存在较明显的差异。重质燃料油中“P/An”均小于 10；而原油中该比值一般较大。

第4章　溢油风化

4.1　主要风化过程

溢油进入海水中，会发生一系列的物理、化学和生物变化过程，包括铺展、蒸发、溶解、乳化、分散、吸附沉降、生物降解、光化学氧化、蜡析和蜡富集等过程，统称为风化。风化可进一步细分为三大类：物理过程，包括蒸发、乳化、分散、吸附、沉降等；化学过程，如光化学氧化；生物过程，如微生物降解。物理过程一般导致油组分在环境的重新分布，而化学和生物降解的过程则导致了碳氢化合物的化学变化和降解。

4.1.1　铺展

这是最早发生的风化过程。当油从源中溢出时，其自身重量使它铺展到水面上，轻质油铺展的速度大于黏稠的重质油，如果温度低于油的倾点，将不会发生铺展。

4.1.2　蒸发过程

在溢油发生后的短时期内，蒸发是最重要且占主导的风化过程，尤其是对轻质油品。蒸发过程从原油暴露到空气中之后便开始发生，挥发性组分含量越高，蒸发程度越大，油的铺展、不平静的海面、较大的风力、较高的温度都会加快蒸发速度。溢油发生后蒸发速度最初非常迅速，然后急剧减慢，石油的性质会随着蒸发程度的不同变化很大，随着蒸发量增大，黏度、密度和闪点都将有不同程度的增加。蒸发的程度在溢油发生后的给定时间内以及在原油行为的改变过程中都是决定原油性质的最重要因素。

Fingas对一系列油品蒸发研究发现，经过2天之后（15℃时经1~2天）汽油会完全蒸发，柴油蒸发60%，轻质原油蒸发40%，重油蒸发20%，而Bunker C油蒸发3%，重油中很多组分即使经过较长时间在较高温度环境下也不会蒸发（Fingas，2001）。

4.1.3　溶解过程

当石油进入海洋后，不断蒸发的同时，石油的溶解过程也开始进行。溶解过程主要发生在油品中具有水溶性的组分，溶解过程是溢漏原油的一个次要归宿，但在一些轻质成品油（如汽油）的溢油事故中，溶解则成为一个重要的过程。

原油中碳氢化合物从油膜溶解在水相中的量很大程度取决于分子结构和给定原油组分的极性以及原油组分在水相的溶解度相对于在油相的溶解度大小。一般说来，芳香烃比脂

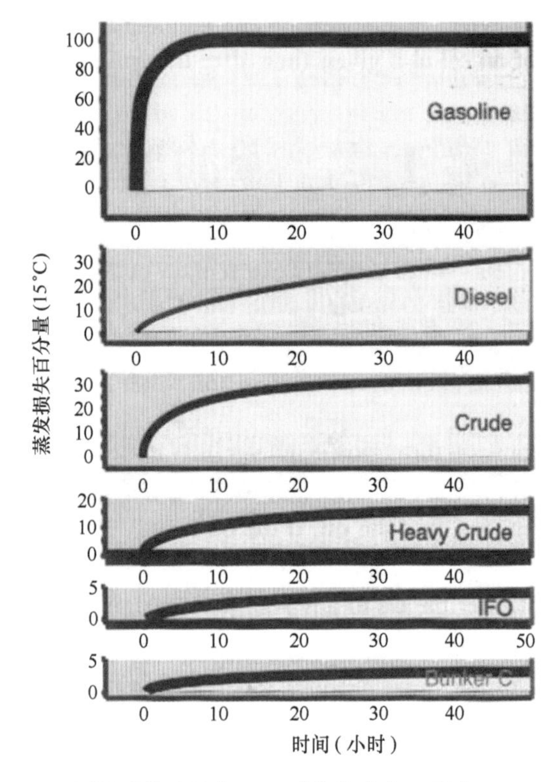

图 4.1　不同性质的油品在 15℃时蒸发速率（引自 Fingas 2001）

肪烃易溶解；烷基化的苯或者多环芳烃随烷基化程度降低溶解性增加；在同一系列中，分子量低的烃比分子量高的烃更易溶解；含 S、N、O 的极性化合物比烃易溶解。因此，容易理解 BTEX、轻的烷基化苯的化合物以及一些较小的多环芳烃化合物，为什么都特别容易受溶解或“水洗”的影响。

尽管一般认为原油的蒸发量比溶解量高 2~3 个数量级（范志杰，1994），但在一些情况下蒸发和溶解之间仍存在明显的竞争关系，尤其对有生物毒性的芳烃。Rye 等（Rye，1994）将不含沥青质的非乳化溢油中的烃进行分类，根据 Harrison 给出的蒸发和溶解的速率方程，考察了一定厚度的不同类型的烃完全蒸发或溶解所需的时间，发现在破碎波的作用下，芳烃含量高的小油滴溶解速率可能大于蒸发速率，这一结论对估计溢油对海洋生物带来的可能后果很有意义。

4.1.4　乳化过程

乳化被认为是海上溢油后第二重要的风化过程，该过程中水以小液滴的形式分散到油中。油包水型乳状液的作用机理现在还未完全清楚，可能是由于海洋的动力迫使小液滴（大小 10~25 μm）进入到油相中去，乳化物颜色可能为黑色、棕色、橙色、黄色等颜色。一般说来，油包水乳状液可以分成 4 种类型：①不稳定型，原油没有包住水。②拖曳型，油包住水滴仅仅是由于黏度的原因形成了不稳定乳状液，在几分钟最多几小时内，乳状液就会分离成油水两相；③半稳定或中度稳定型，小水滴稳定到一定程度是由于原油黏度的作用以及沥青和树脂的界面作用结合造成的，发生的条件是原油中沥青或树脂的含量最少占重量的 3%。中度稳定乳状液的黏度比最初的原油的黏度高 20~80 倍。这些乳状液一般分离成油、水或者有时分离成油、水和稳定的乳状液需要几天的时间。④稳定乳状液，形成的方式与中度稳定的乳状液类似，原油必须至少含有 8% 的沥青，稳定乳状液的黏度比最初的原油的黏度高 500~1 200 倍，并且乳状液形成后可以稳定数周甚至数月。稳定乳状液颜色呈现微红—褐色，近似固体，这些乳状液不能分散并且在海面或者岸滩呈现块状或团状。形成乳状液改变了原油在环境中的命运。当原油形成稳定或者半稳定的乳状液时，蒸发过程减慢很多，生物降解也变慢（Fingas，1998）。

4.1.5　分散过程

分散是海上溢油形成小油滴进入水体的过程，分散的油滴大小不等。影响分散的因素有：油的物理性质、海况、油膜厚度等。油滴越小，越容易保持悬浮在水体中的状态。分散过程一般分三步（Concawe，1983）：成粒过程，在破碎波作用下从膜形成油滴的成球过程；分散过程，破碎波和上升力的净作用使油滴进入水体的过程；部分油滴和膜再结合的过程。自然分散是这三个独立过程的共同结果。实验表明，油膜厚度越小，越易形成分散度较好的小油粒。油/水界面张力既影响溢油成粒过程，也影响聚合过程，但不影响油粒在水体中的分散。油/水界面张力越小，越易形成油粒，分散度增加。密度和黏度影响溢油自然分散过程，溢油密度越大，油水之间的差异越小，小油粒越易形成，分散度越高（范志杰，1991）。另外，油粒的形成和分散增加总体表面积，更易于低分子量芳烃化合物的溶解，或被生物降解，或吸附在颗粒悬浮物上沉入水体。在海面风力较小时，较大的油粒（大于 0.1 mm）会重新回到海面，较小的油粒会继续留在水体，深度可达 80 m。

4.1.6　吸附沉降过程

沉降是原油沉积在海洋和其他水体底部的过程，一旦原油沉积在底部，通常会被其他沉积物覆盖并且降解十分缓慢。引起吸附沉降的因素是大气沉降颗粒和海水中如黏土、方解石、文石、冰花或硅质等颗粒物质，还有一些浮游生物、微生物、细菌等有机物质，吸附沉降过程取决于颗粒物质的性质和油的种类。石油的部分重组分可自行沉降或黏附在海水中的悬浮固体颗粒上并随之下沉到海底。石油的沉降速度随水中的油浓度和附着物（悬浮颗粒）的含量而变化，一般在底质样品中可能检出 C25 以上的石油烃类。生物地球化学区和生物降解及其他化学反应的相继产生也会造成沉降。由于浅海区涡动混合作用较强，碎屑物质丰富，动力作用明显，可以在浅海区特别是在潮间带发生沉降。

4.1.7　生物降解

由于海洋中存在能分解烃类的微生物（例如各种各样的细菌、真菌、酵母），因此溢油到海洋环境中后生物降解成为必然的风化过程，也正由于它们的代谢以分解石油作为碳素和能量的来源，海洋环境中的烃类残留物才不至于大量积累。生物降解决定海上石油最终归宿，和光氧化过程一样，生物降解是一个长期（12 个月到几年）且复杂的变化过程。

生物降解过程中溢油组分变化依赖于当时的石油或烃的类型、性质、数量、周围环境和季节环境状况（例如温度、氧气、营养物、水体活动、盐度和 pH 值）以及当地微生物群落的组成情况（Atlas，1981）。生物降解过程相对于其他风化过程来说相当缓慢，因此，溢油后短期内不会改变溢油指纹。

4.1.8 光氧化过程

光氧化过程是溢油在阳光的照射下，发生自由基链式的氧化反应，产生一些极性的、水溶性的和氧化的碳氢化合物产物的过程。溢油在海洋环境中的氧化，主要受阳光和温度的控制，其氧化速度随溢油的品种、照射光的强度、海水温度的不同而异。一般轻质油氧化速度快，在含有紫外光的照射下（300~350 nm），其光源越强，温度越高，氧化速度越快。经氧化后的溢油，由于新物质的不断生成，其物理性质，如颜色、黏度、比重和表面张力也在改变。溢油在海洋中的行为也会发生一系列的变化。氧化过程中产生许多具有表面活性的物质，受这些表面活性物质的作用和海浪的搅动，经氧化后的溢油最终一般都形成所谓的“巧克力奶油冻”（徐学仁，1987）。

尽管光氧化产物浓度不高，短期效应不太明显，但光氧化的长期效应日益明显，对溢油的物理过程影响很大，并且对生物的毒性增大。由于风化过程的复杂性和测试手段的局限性，很难确定光氧化产物，对其形成机理及其对溶解和乳化的作用的研究只停留在对推测的定性描述上。Robert M Garrett 等（1998）用 GC/MS 和 X-射线吸收光谱测试了紫外光对原油中不同组分的影响，发现饱和组分对光氧化不敏感，而芳烃尤其是大的烷基取代芳烃敏感；X-射线吸收光谱显示脂肪中的硫比噻吩中的硫更易氧化，硫被氧化为相等量的亚砜、砜、磺酸盐和硫酸盐，发现光氧化的影响明显与生物降解的不同，对生物降解来说芳烃有大的取代基不利于降解。然而应该指出，对大部分原油而言光氧化可能是改变溢油产物和物料平衡的微小过程。

4.1.9 蜡析和蜡富集

一些含有以正构烷烃（蜡）为主的油品在低温情况下，或是经过降雨和湍流的双重影响，容易发生蜡析和蜡富集现象（引自 BSI Standards Publication，2012），它主要表现在 C20~C30 之间的组分或者丰度降低，或者丰度升高。

4.2 风化对油指纹的影响

4.2.1 蒸发的影响

由于蒸发风化产生的化学组成变化主要包括：低分子量正构烷烃的减少使得高分子量

正构烷烃的浓度相对增加；n-C17/姥鲛烷、n-C18/植烷和姥鲛烷/植烷比值基本不变；碳奇偶比优势指数（CPI，从 C8 ~ C40，奇数碳的正构烷烃总和比偶数碳的正构烷烃总和）基本不变。随着风化的不断进行，BTEX，C3-苯和两个环的萘会减少甚至完全消失，相反，环数高的烷基化多环芳烃浓度逐渐增加。物理风化过程对烷基化多环芳烃同系物的异构体没有优先选择性，因此同一系列多环芳烃异构体的相对比例非常稳定，蒸发风化过程中萜类和甾类生物标志化合物没有减少。随着风化程度的增加，C19 ~ C35 所有目标生物标志化合物浓度逐渐增加。成对的萜类和甾类生物标志化合物及不同生物标志化合物系列之间的相对比值表现出很高的稳定性。

4.2.2　溶解的影响

溶解主要影响溢油中杂原子化合物和低取代的芳香烃，对于饱和烃的影响较小，这与它们在水中的溶解度相关。对于同一系列的芳香烃，多取代的芳香烃更难溶于水，因此溶解对它们的影响也会更小。

4.2.3　光氧化的影响

光氧化过程对溢油组分也会产生一定影响，尤其是在光照充足的条件下，对某些组分影响较大。最近 Jagos R Radovic 等人（2014）基于实验室模拟太阳光和墨西哥湾溢油以及“Prestige tanker ”实际溢油样品，开展了海上溢油指纹的光化学过程评价，发现光氧化能够促进甲基蒽，9/4 甲基菲（m/z 192），2-甲基芘，1-甲基芘（m/z 216）、3-甲基屈（m/z 242）和三芳甾的降解。作者所在实验室开展了油品的室内和室外风化实验，将同一种原油涂抹在小块瓷板上，分别放在室外和室内通风橱中，图 4.2 ~ 图 4.4 分别显示了原始、室内和室外总离子流图、芘系列和三芳甾的比较，进一步验证了上述研究结果。

4.2.4　生物降解的影响

溢油发生的初期（1 ~ 2 周）内，生物降解一般不明显。为了更好地了解生物降解对石油烃的影响，许多实验室都进行了一系列“实验室生物降解石油”的试验（Atlas et al.，1992；Prince，1993；Blenkinsopp et al.，1996；Swannel et al.，1996；Foght et al.，1998；Wang et al.，1998c），结合实际溢油事故的生物降解研究，总结生物降解对原油组分的影响如下（Leahy et al.，1990；Prince，1993；Wang et al.，1998c）：

（1）小分子碳氢化合物的降解速度比大分子碳氢化合物降解速度快。

（2）直链正构烷烃的降解速度比支链正构烷烃的降解速度快。

（3）气相可分离物质的降解速度比气相不可分离物质的降解速度快。

（4）小分子量芳香烃的降解速度比大分子量芳香烃降解速度快。

（5）烷基化同系物中烷基化数量的增加显著增强抗微生物降解能力。

（6）生物降解经常具有异构体选择性。例如，2-/3-二甲基二苯并噻吩生物降解的速率比它的同分异构体快。这种优先生物降解作用真实地反映在同分异构体的分布中，某些

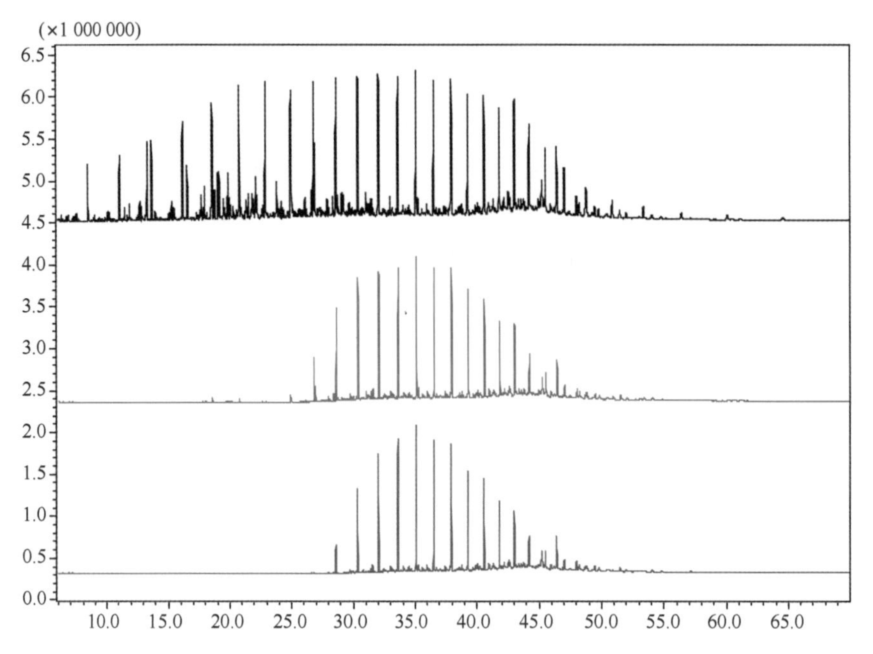

图 4.2　原油总离子流色谱图（上、中、下分别为原始、室内、室外）

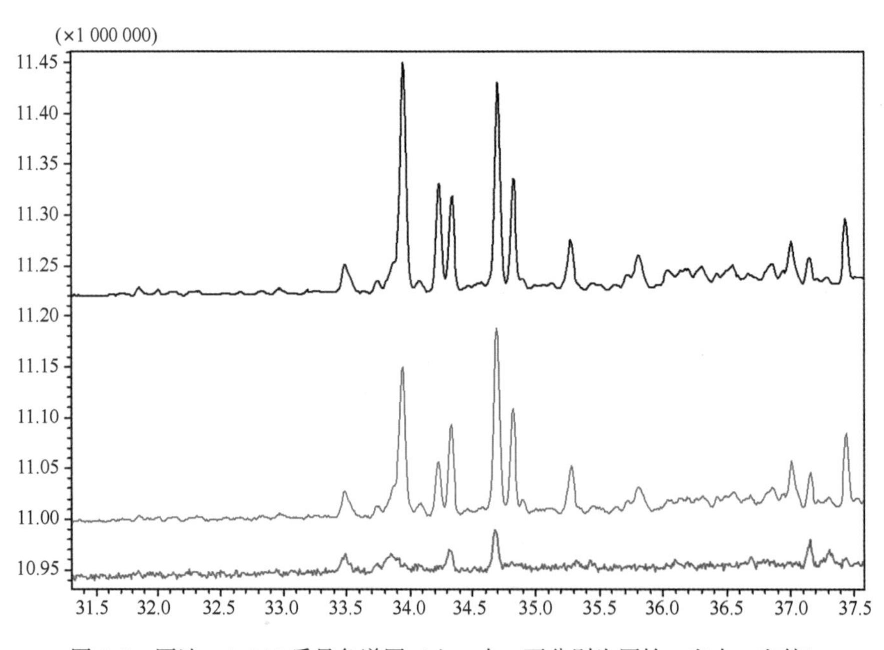

图 4.3　原油 m/z 216 质量色谱图（上、中、下分别为原始、室内、室外）

异构体的显著降低，例如（3+2-甲基菲）、（4-/9-+1-甲基菲）和其他烷基化多环芳烃系列。

（7）对于生物降解不是很严重的情况下，n-C17/姥鲛烷，n-C18/植烷可以作为比较

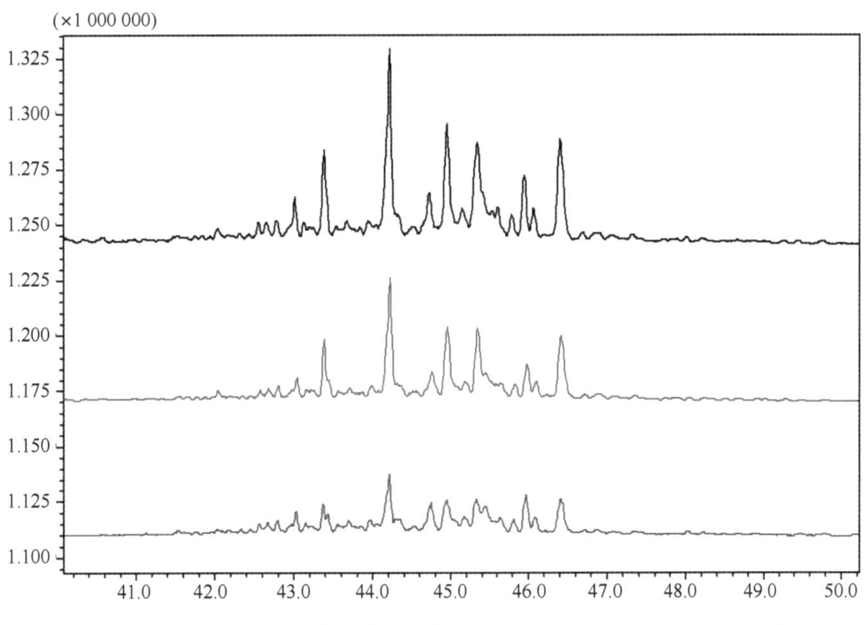

图 4.4　原油 m/z 231 质量色谱图（上、中、下分别为原始、室内、室外）

重要的生物降解指标。

作者所在实验室 2009 年开展了野外原油微生物降解模拟实验，实验周期 103 天。图 4.5 给出了油中不同烃类化合物在没有添加微生物和添加微生物的情况下的不同时间的变化。其中，Original 为试验用原始油样；d1 为野外实验池中海水表面的油；d2 为在野外实验池的海水中添加了石油烃降解菌、生物分散剂和营养盐以及原油。可以看出，11 天内正构烷烃受生物降解不明显，33 天时 C17 以前的正构烷烃开始受到生物降解影响，53 天、66 天和 103 天 C17 以后的正构烷烃明显受到生物降解影响。而姥姣烷和植烷抗生物降解能力较强，103 天的谱图显示略受到微生物降解的影响。萘、菲、二苯并噻吩、芴和屈五大系列多环芳烃中萘和菲系列容易受微生物降解，降解趋势与正构烷烃类似，芴系列稍弱，而二苯并噻吩和屈系列受影响更不明显。倍半萜类化合物也容易受到生物降解，而且在这段时间内变化明显。而三环萜、霍烷和甾类等生物标志化合物很难受到微生物降解，除个别化合物，相对峰面积的相对标准偏差均小于 10%。

4.3　风化影响评价

溢油遭受风化后，指纹可能发生变化，通过风化评价来判断溢油是否遭受了风化，具体有哪些风化过程，风化程度如何，以便给出正确的鉴别结论。目前常用的表征风化的方式有以下几种：一是基于气相色谱图和质量色谱图的各类石油烃的原始指纹叠加图（图 4.6），可以从中清楚地看出风化的影响。二是用石油烃组分与相对稳定的组分的比值（面积或含量）做的柱状比较图（图 4.7），也可以清楚地看出风化的影响。三是风化百分比

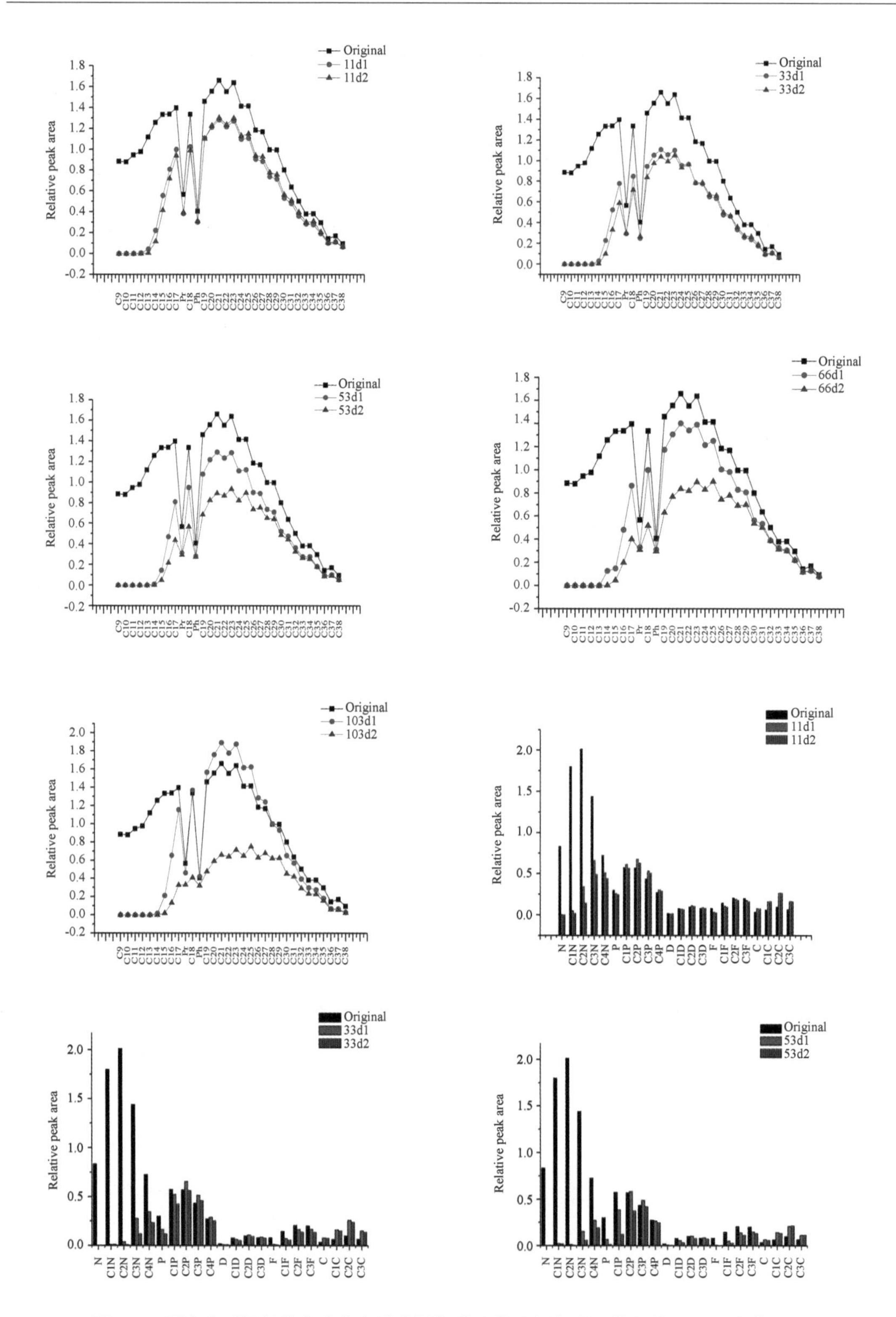

图 4.5　原油中不同烃类化合物在没有添加微生物和添加微生物的情况下的变化（1）

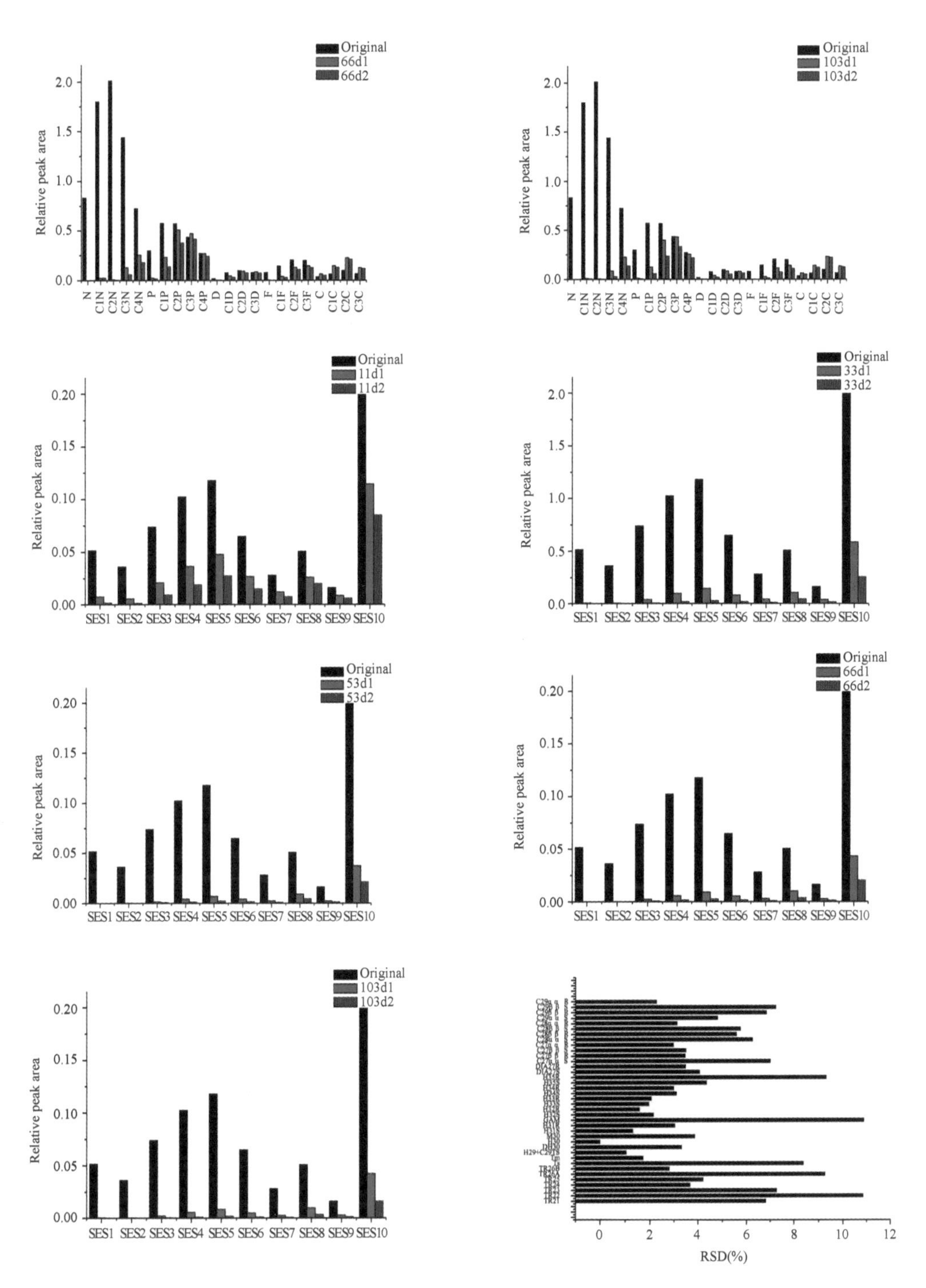

图 4.5　原油中不同烃类化合物在没有添加微生物和添加微生物的情况下的变化（2）

图，即PW图（Percentage Weathering），它是基于两个油样GC-FID或GC-MS数据，相对一个或一组不风化（或相对温稳定的）的化合物归一化后按照沸点或保留时间排列绘制的图（图4.8）。最初的PW图是参考了Nordtest method（Per S. Darling，2002）介绍的方法，后来在欧洲溢油鉴别指南（CEN，2006）被用作“风化程度”（Percentage Weathering）图的简写，是同时表征不同风化过程的一种有效方法。四是通过一些基于不同风化特点选择的特定诊断比值的变化来表征风化，例如C17/Pr、C18/Ph以及Pr/Ph，但对于风化严重的样品，需要谨慎使用这些指标。

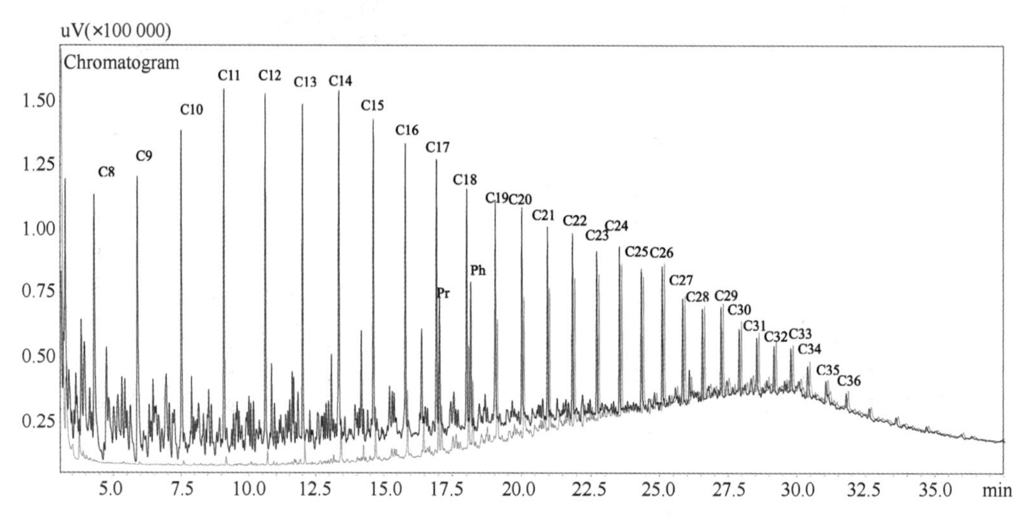

图4.6　原始谱图表征风化程度图

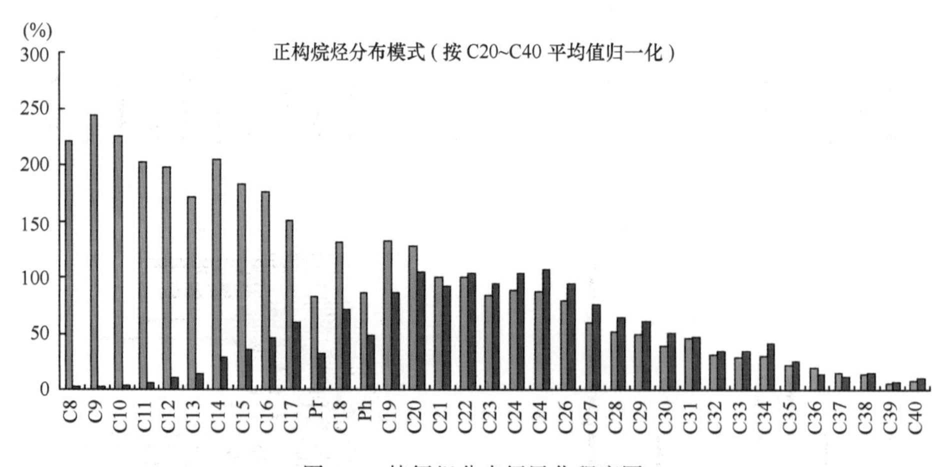

图4.7　特征组分表征风化程度图

风化百分比图（PW图）是非常有效的风化判别工具，同时也是鉴别工具。PW图绘制方法为：对一个风化油样（B）和原始油样（A）各组分先已某稳定峰（如C30藿烷、TMP等）为基准进行归一化，再将风化样品的归一化结果除以原始样品的归一化结果，将最后的结果以保留时间为横坐标绘制散点图。如果 B 确实由 A 风化而来，而且主要经历了蒸发风化，那么散点图的分布应当呈一条规则的抛物线（称为蒸发曲线）分布，如图 4.8，轻组分低，重组分逐渐升高，到稳定阶段保持在 100%上下。较重的甾烷、萜烷等组分较为稳定，一般稳定在 100%上下；较轻的倍半萜烷、三环萜烷等一般分布在蒸发曲线的上升部分；部分芳烃组分可能溶解于水，低于蒸发曲线（图中蓝色圈内）；C17、C18 在受到生物降解的情况下，会明显低于与其保留时间非常接近的姥鲛烷、植烷，成为判定生物降解的标志特征（图中绿色框内）；m/z 216 上的甲基芘等系列易发生光降解从而低于蒸发曲线。

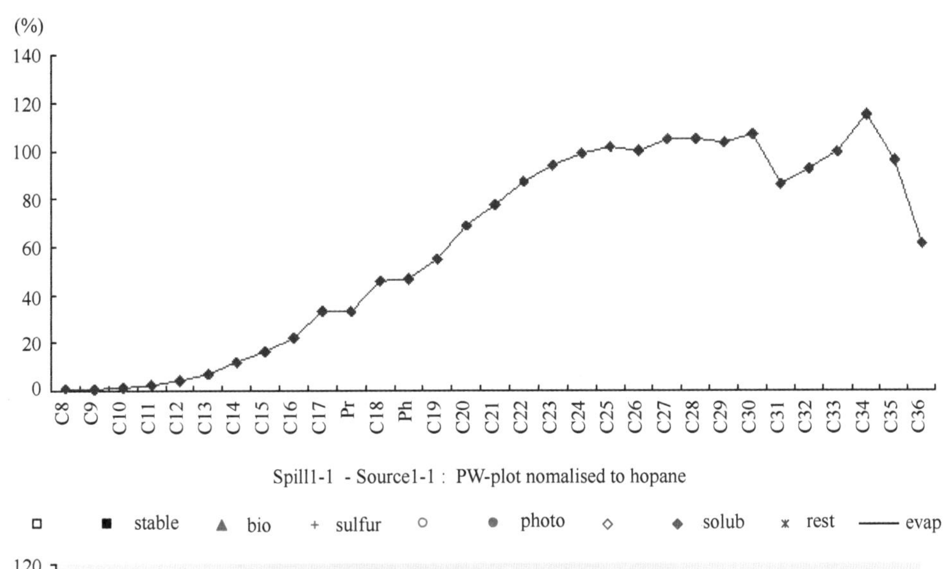

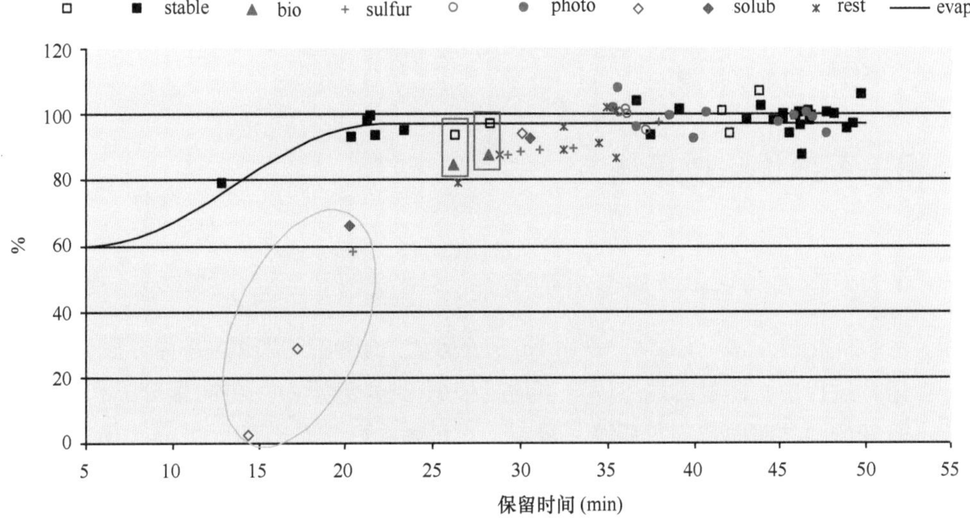

图 4.8　风化百分比表征风化程度图

第5章　数理统计油指纹鉴别方法

5.1　概述

油指纹鉴别是基于油指纹信息进行的，而油指纹信息既包括各类光谱、色谱原始谱图，也包括从谱图获得的各组分及诊断比值等半定量或定量的数据。因此，这些信息的处理会在一定程度上影响油指纹的鉴别能力。对于原始谱图的油指纹信息处理主要体现在对谱图噪音滤除、信号提取和校正上；而对于组分和诊断比值的数据处理，主要体现在利用统计学方法对数据进行预处理，从而提高鉴别准确度。有关这方面的研究较多（甘居利，1998；About-Kassim and Simoneit，1995；Lavine et al.，2001；Stout，2001；Christensen，2004，2005a，2005b，2005c，2005d；Zhendi Wang and J. H. Christensen，2006；Gregory S. Douglas et al.，2007），而且随着信息处理技术的发展，会有更多的方法应用在油指纹鉴别中。

下面将重点介绍用于对原始油指纹谱图进行组分峰偏移校正的相关系数优化校正（COW：Correlation optimized warping）方法，进行噪音滤除和信号提取的小波分析法，用于多个油样和多个鉴别指标分类分析的主成分分析、聚类分析和判别分析以及基于两个油样鉴别的 t 检验法和重复性限法。

5.2　相关系数优化校正法

5.2.1　相关系数优化校正法的基本原理

相关系数优化校正法（COW）是由 Nielsen 等人（1998）提出的一种分段优化数据的算法。在运算过程中，向量的端点固定不动，根据松弛参数（t）将向量分成相同的段数。从最后一段开始同参照向量进行比照、校正，在松弛参数正负范围内进行优化，得到最大相关系数的一组数据向量，然后再在此基础上对第二段数据进行优化，依此类推，得到一组最优的重组数据向量。当抽样向量的时间点数和参照向量的点数不相同时，就在抽样向量内线性插入合适的点数得到相同段长的预处理向量。相关系数的计算公式如下：

$$\rho(n)=\frac{\mathrm{cov}[r(n),\ s\{n\}]}{\sqrt{\mathrm{var}[r(n)]\mathrm{var}(s\{n\})}} \tag{5.1}$$

COW 只需两个输出参数进行分段线性相关系数优化校正，这成为它的一大优点。运算过程中可以选择一个适中的段长和较小的松弛参数来补偿色谱图中产生的时间漂移。

欧氏距离是两项间的差，即：每个变量值差值的平方和再平方根，目的是计算其间的整体距离，即不相似性。其公式如式 5.2 所示：

$$D_{ij} = \sqrt{\sum_{k=1}^{n} (x_{ik} - y_{jk})^2} \tag{5.2}$$

式中，x_{ik}表示为第 i 个序列的第 k 个指标的测定值，y_{jk}为第 j 个序列的第 k 个指标的测定值。D_{ij}为第 i 个序列与第 j 个序列之间的欧氏距离。其具体应用的一般算法过程如下：①收集特征数据并且建立模型特征表；②规格化特征表；③计算各序列间距离并产生一个距离向量；④实施聚类分析；⑤根据分类距离等级要求决定把目标对象总体细分为几组，否则回到第 3 步继续；⑥产生分组结果。在这里，把信号点与点之间的欧氏距离的大小作为判别分类的依据。

5.2.2　相关系数优化校正用于油指纹谱图组分峰偏移校正

选择 50 个油样，其分析时间最大跨度超过 1 年，所有保留时间相差很大。采用 COW 进行校正，从图 5.1 中可以看出，经过优化后保留时间得以一定程度的校正。

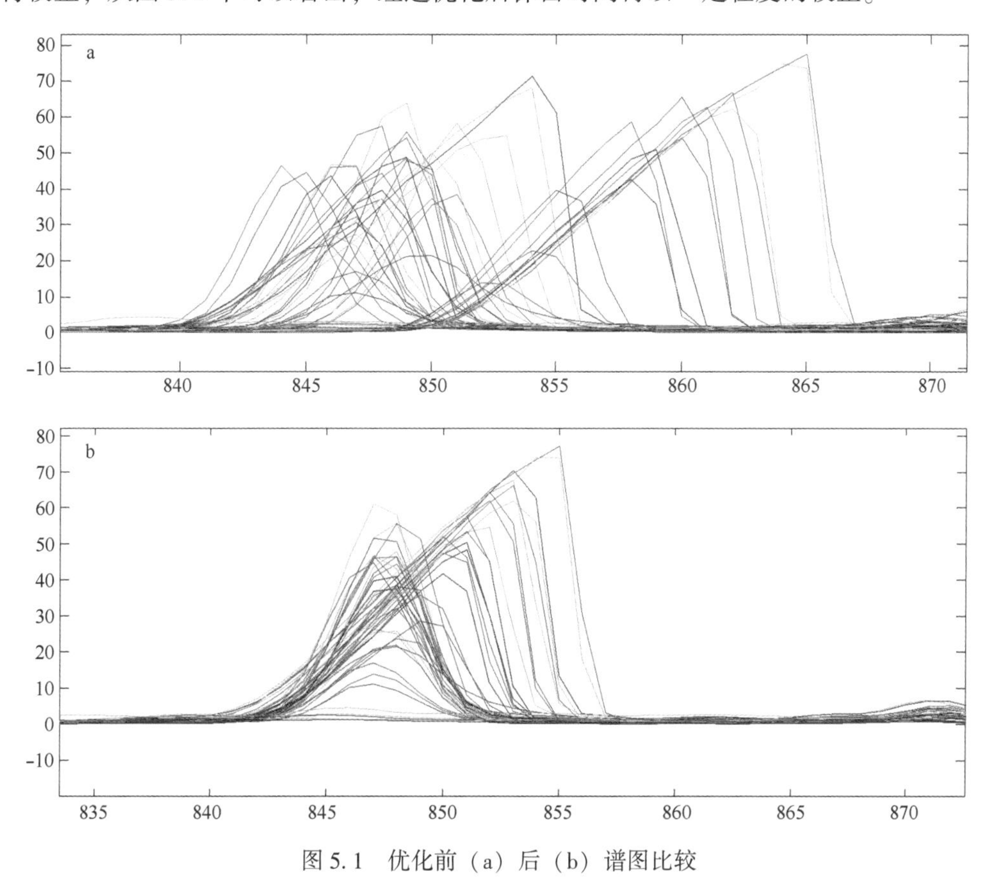

图 5.1　优化前（a）后（b）谱图比较

5.3 小波分析

5.3.1 小波分析的基本原理

小波分析是一种优于 Fourier 分析的时频局部化分析方法，它通过伸缩平移运算对信号逐步进行多尺度细化，达到对高频处时间细分和低频处频率细分，从而能适应时频信号分析的要求，聚焦到信号的细节，实现噪音去除和信号提取。

定义满足条件

$$\int_{-\infty}^{+\infty} \psi(t)\,\mathrm{d}t = 0 \tag{5.3}$$

$$\int_{-\infty}^{+\infty} |\hat{\psi}(t)|^2 |t|^{-1}\mathrm{d}t < \infty \tag{5.4}$$

的平方可积函数 $\psi(t)$ [即 $\psi(t) \in L^2(R)$] 为一个基本小波或小波母函数。如果将小波母函数进行一系列的伸缩和平移，则可得到一个依赖于参数 a，b 的小波集，即：

$$\psi_{a,b}(t) = \frac{1}{\sqrt{|a|}}\psi\left(\frac{t-b}{a}\right),\ a,\ b \in R,\ a \neq 0 \tag{5.5}$$

式中，a 被称为尺度因子，b 被称为平移因子。通过对 a 和 b 的采样，使连续小波离散化。即对 a，b 依如下规律采样：

$$a = a_0^m \quad (a_0 > 1,\ m \in Z),\ b = nb_0a_0^m \quad (b_0 \in R,\ n \in Z) \tag{5.6}$$

则小波离散为：

$$\psi_{m,n}(t) = a_0^{-m/2}\psi(a_0^{-m}t - nb_0) \tag{5.7}$$

设 $f(t) \in L^2(R)$ ，定义其离散小波变换为：

$$C_{m,n}(f) = \int_{-\infty}^{+\infty} \psi_{m,n}(t) f(t)\,\mathrm{d}t \tag{5.8}$$

其中，

$$\psi_{m,n}(t) = a_0^{-m/2}\psi(a_0^{-m}t - nb_0) \quad (a_0 > 1,\ m \in Z),\ (b_0 \in R,\ n \in Z)$$

5.3.2 基于小波分析油品分类鉴别研究

采用小波分析可以实现对油指纹光谱或色谱的压缩滤噪，从而实现油指纹特征信息的有效提取。压缩滤噪的方法有多种，例如通过对某一或某些分解层次的细节进行置零滤噪，或者通过选择不同的参数，确定基于不同层次的噪声水平、阈值和阈值方法，从而实现基于全局的原始信号滤噪。

选择不同油田的 20 个原油样品、22 个重质燃料油样品和 8 个轻质燃料油样品，采用 3.2.1 中相同的处理和分析方法进行油指纹分析，获得相应的色谱指纹和特征指标信息。依据原油、燃料油的油指纹特征，选择表征正构烷烃、多环芳烃和生物标志物在内的特征离子（m/z 85、123、216、217、23128、142、156、170、184、178、192、206、220、

234、166、180、194、208、198、212、226、228、242、256、270）的质量色谱图有效时间段的信息（图 5.2），采用欧式聚类，进行油品的分类鉴别。从图 5.3 总体上来看，除个别油品外（1 个原油和 1 个重质燃料油），轻质燃料油区分较好，但重质燃料油和原油分辨不清，但同为重质燃料油的油样相对集中。采用确定基于不同层次的噪声水平、阈值和阈值方法对上述原始谱图进行滤噪处理，然后再用欧式距离进行聚类分析，从图 5.3 结果上看，除 5 个原油外，燃料油和原油分类较好，但轻质燃料油和重质燃料油区分不好。

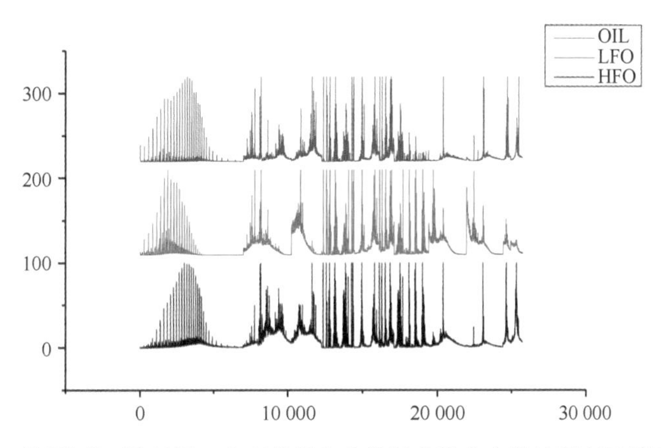

图 5.2　不同油品正构烷烃、多环芳烃和生物标志物在内的特征离子质量色谱图

5.4　主成分分析

5.4.1　主成分分析的基本原理

主成分分析是一种重要多元统计分析方法，它利用降维的思想，把多指标转化为少数几个综合指标的多元统计方法。主成分分析在油指纹鉴别中的应用步骤及相关方法在相关文献中（Zhendi Wang and Christensen J H，2006）都有详细描述。

5.4.2　主成分分析用于油品类型鉴别

基于包括正构烷烃、多环芳烃和甾萜类生物标志物在内的 143 个组分峰面积（表 5.1），基于 43 个特征比值（表 5.2），进行主成分分析，能较好地把 3 类油品明显区分（图 5.4 和图 5.5）。

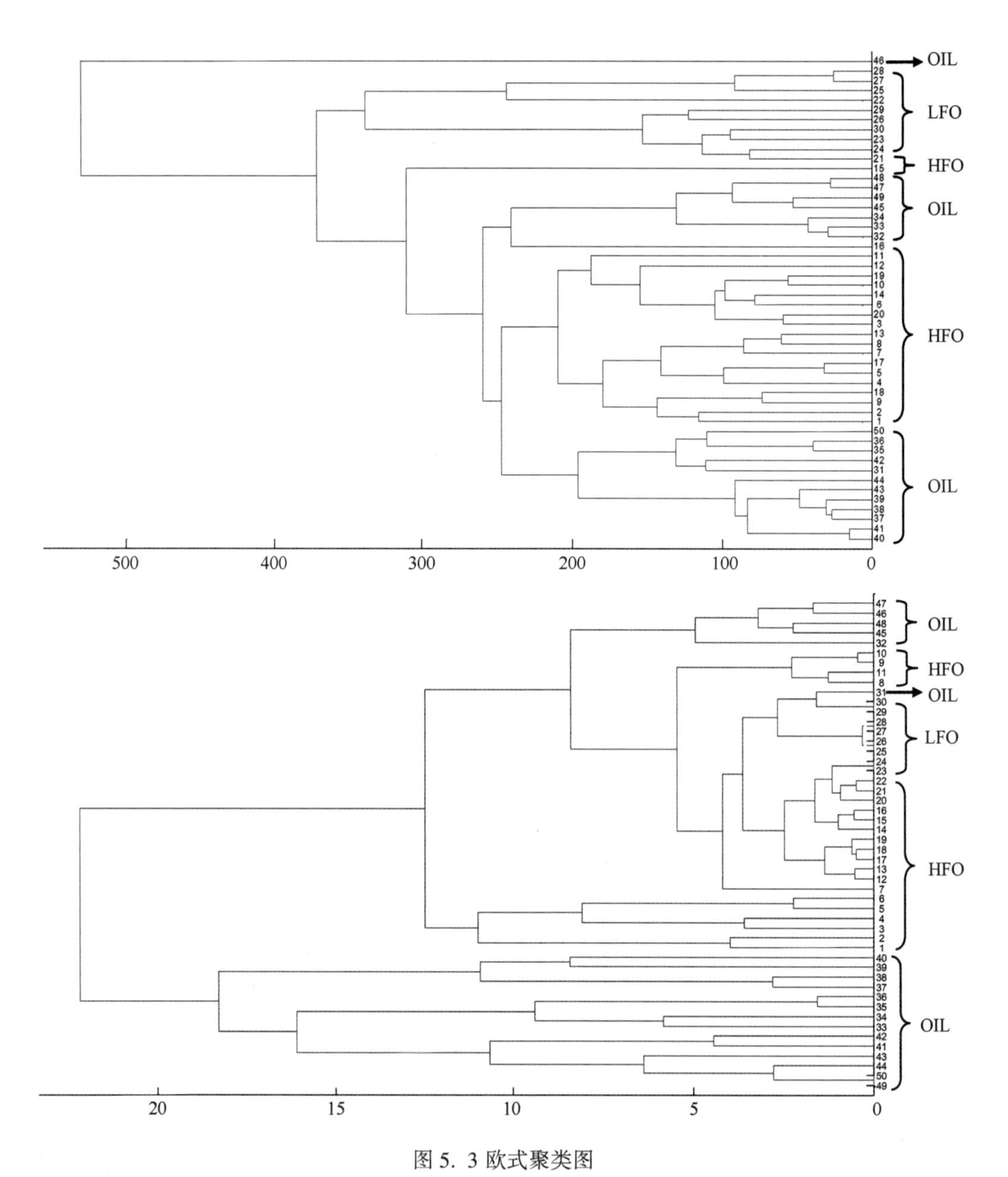

图 5. 3 欧式聚类图

上：基于原始指纹谱图的欧式聚类；下：基于小波滤噪后油指纹谱图的欧式聚类

表 5.1　143 个石油烃组分

正构烷烃（姥鲛烷、植烷）	芳香烃	简写	甾烷和萜烷	简写
C9	Naphthalene	N	C14-sesquiterpane	SES1
C10	C1-naphthalenes	C1N	C14-sesquiterpane-1	SES2
C11	C2-naphthalenes	C2N	C15-sesquiterpane	SES3
C12	C3-naphthalenes	C3N	C15-sesquiterpane-1	SES4
C13	C4-naphthalenes	C4N	C15-sesquiterpane-2	SES5
C14	Phenanthrene	P	C15-sesquiterpane-3	SES6
C15	C1-phenanthrenes	C1P	C16-sesquiterpane	SES7
C16	C2-phenanthrenes	C2P	C16-sesquiterpane-1	SES8
C17	C3-phenanthrenes	C3P	C16-sesquiterpane-2	SES9
Pr	C4-phenanthrenes	C4P	C16-sesquiterpane-3	SES10
C18	Dibenzothiophene	D	C21 Tricyclic diterpane	TR21
Ph	C1-dibenzothiophenes	C1D	C22 Tricyclic diterpane	TR22
C19	C2-dibenzothiophenes	C2D	C23 Tricyclic diterpane	TR23
C20	C3-dibenzothiophenes	C3D	C24 Tricyclic diterpane	TR24
C21	Fluorene	F	C25 Tricyclic diterpane	TR25
C22	C1-fluorenes	C1F	C26 Tricyclic diterpane	TR26A
C23	C2-fluorenes	C2F	C26 Tricyclic diterpane	TR26B
C24	C3-fluorenes	C3F	18α-22，29，30-trisnorhopane	Ts
C25	Chrysene	C	17α-22，29，30-trisnorhopane	Tm
C26	C1-chrysenes	C1C	17α，21β-25-norhopanehopane	NOR25H
C27	C2-chrysenes	C2C	17α，21β-30-norhopane+18α-30-norneohopane	H29+C29TS
C28	C3-chrysenes	C3C	15α-methyl-17α-27-norhopane（diahopane）	DH30
C29	2-methyl naphthalene	2MN	17β，21α-30-norhopane（normoretane）	M29
C30	2-methyl naphthalene	1MN	18α-oleanane	OL
C31	Biphenyl	Bp	17α，21β-hopane	H30
C32	Acenaphthylene	Acl	17β，21α--hopane（moretane）	M30
C33	Acenaphthene	Ace	17α，21β，22S-homohopane	H31S
C34	Anthracene	An	17α，21β，22R-homohopane	H31R
C35	Fluoranthene	Fl	Gammacerane	GAM
C36	Pyrene	Py	22S-17α（H），21β（H）-bishomohopane	H32S
C37	Benz（a）anthracene	BaA	22R-17α（H），21β（H）-bishomohopane	H32R
C38	Benzo（b）fluoranthene	BbF	22S-17α（H），21β（H）-trishomohopane	H33S
	Benzo（k）fluoranthene	BkF	22R-17α（H），21β（H）-trishomohopane	H33R
	Perylene	Pe	22S-17α（H），21β（H）-tetrakishomohopane	H34S

续表 5.1

正构烷烃（姥鲛烷、植烷）	芳香烃	简写	甾烷和萜烷	简写
	Benzo（a）pyrene	BaP	22R-17α（H），21β（H）-tetrakishomohopane	H34R
	Benzo（e）pyrene	BeP	22S-17α（H），21β（H）-pentakishomohopane	H35S
	Indeno（1，2，3-c，d）pyrene	IP	22R-17α（H），21β（H）-pentakishomohopane	H35R
	Dibenz（a，h）anthracene	DaA	20S-10α（H），13β（H），17α（H）diasterane	DIA27S
	Benzo（g，h，i）perylene	BgP	20R-10α（H），13β（H），17α（H）diasterane	DIA27R
	C20-triaromatic sterane	C20TA	20S-5α（H），14α（H），17α（H）-cholestane	C27ααS
	C21-triaromatic sterane	C21TA	20R-5α（H），14β（H），17β（H）-cholestane	C27ββR
	C26，20S-triaromatic sterane	SC26TA	20S-5α（H），14β（H），17β（H）-cholestane	C27ββS
	C26，20R-+C27，20S-triaromatic steranes	RC26TA+SC27TA	20R-5α（H），14α（H），17α（H）-cholestane	C27ααR
	C28，20S-triaromatic sterane	SC28TA	20S-5α（H），14α（H），17α（H）-ergostane	C28ααS
	C27，20R-triaromatic sterane	RC27TA	20R-5α（H），14β（H），17β（H）-ergostane	C28ββR
	C28，20R，triaromatic sterane	RC28TA	20S-5α（H），14β（H），17β（H）-ergostane	C28ββS
	Retene	Retene	20R-5α（H），14α（H），17α（H）-ergostane	C28ααR
	benzo（a）fluorene	B（a）F	20S-5α（H），14α（H），17α（H）-stigmastane	C29ααS
	benzo（b）fluorene	B（b+c）F	20R-5α（H），14β（H），17β（H）-stigmastane	C29ββR
	2-methylpyrene	2Mpy	20S-5α（H），14β（H），17β（H）-stigmastane	C29ββS
	4-methylpyrene	4Mpy	20R-5α（H），14α（H），17α（H）-stigmastane	C29ααR
	1-methylpyrene	1Mpy		
	3-methyl phenanthrene	3-MP		
	2-methyl phenanthrene	2-MP		

续表 5.1

正构烷烃（姥鲛烷、植烷）	芳香烃	简写	甾烷和萜烷	简写
	9/4-methyl phenanthrene	9/4-MP		
	1-methyl phenanthrene	1-MP		
	2-Anthracene	2-MA		
	4-methyl dibenzothiophene	4-MD		
	2/3-methyl dibenzothiophene	2/3-MD		
	1-methyl dibenzothiophene	1-MD		

表 5.2　43 个石油烃特征比值

诊断比值	诊断比值
nC17/Pr	DH30/H30
nC18/Ph	C2-D/C2-P
Pr/Ph	C3-D/C3-P
（C19+C20）/（C19-C22）	C3-D/C3-C
C23TER/C24TER	ΣP/ΣD
Ts/Tm	2-MP/1-MP
C29αβHOP/C30αβHOP	4-MD/1-MD
C31αβ（S/（S+R））	C21TA/RC28TA
C32αβ（S/（S+R））	SC26TA/SC28TA
C33αβ（S/（S+R））	RC27TA/RC28TA
C34αβ（S/（S+R））	Retene/C4-P
C35αβ（S/（S+R））	B（a）F/4-Mpy
C27STERαββ/（αββ+ααα）	B（b+c）F/4-Mpy
C28STERαββ/（αββ+ααα）	2Mpy/4-Mpy
C29STERαββ/（αββ+ααα）	1Mpy/4-Mpy
C29STERααα（S/（S+R））	2-MA/ΣC1P
C27STERαββ/（C27-C29）STER	Fl/Py
C28STERαββ/（C27-C29）STER αββ	P/An
C29STERαββ/（C27-C29）STER αββ	BaA/C
GAM/H31	（3+2）MP/（9/4+1）MP
OL/H30	Pyrogenic Index
ΣTR/H30	

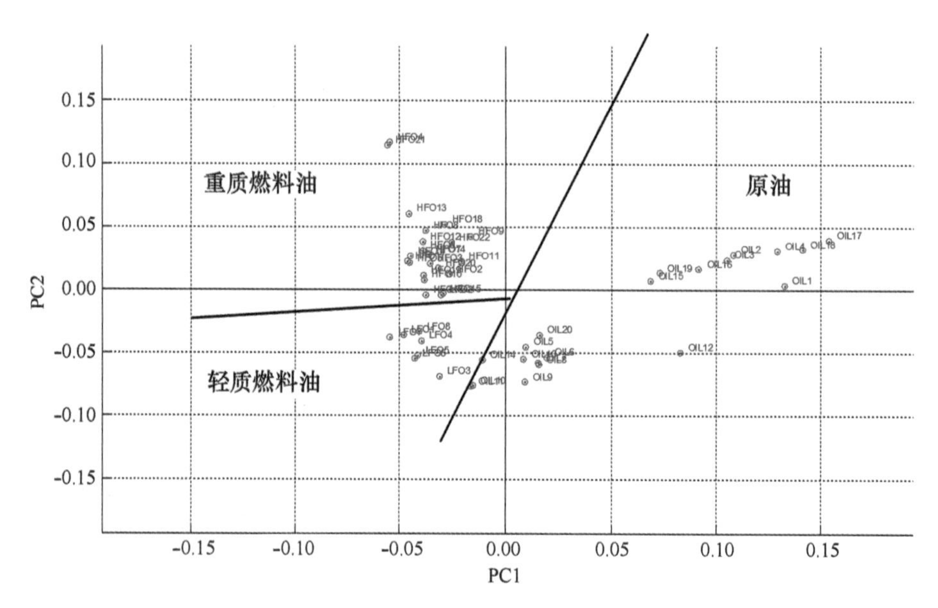

图 5.4　基于组分面积的主成分分析结果

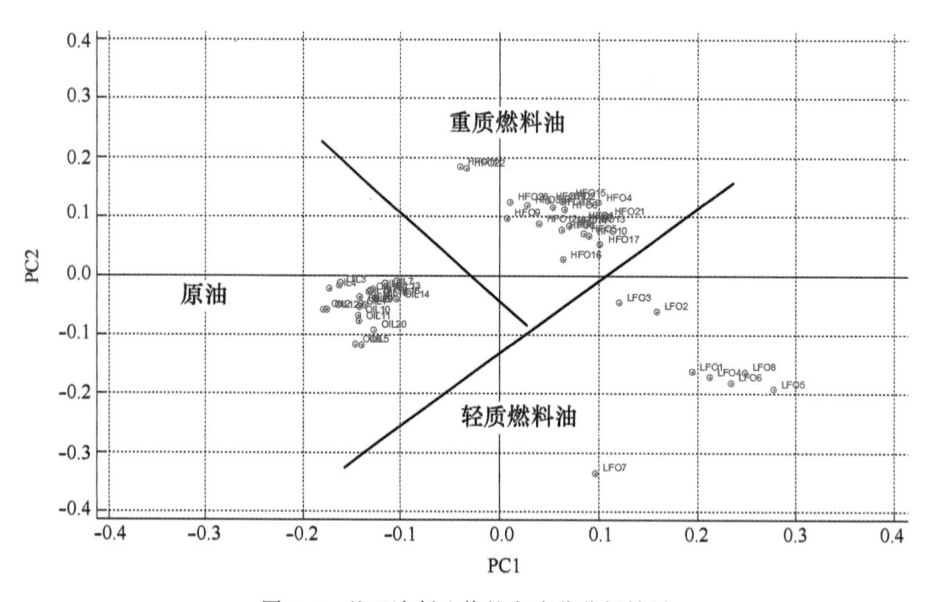

图 5.5　基于诊断比值的主成分分析结果

5.5 聚类分析

5.5.1 聚类分析的基本原理

聚类分析又称群分析，是广泛应用于分类的一种多元统计方法。本章使用的系统聚类法（Hierarchical Clustering Method）是一种很常用的凝聚法方法，也称谱系聚类法，其基本思想是：先将 n 个样本各自看成一类，然后规定样本之间的距离和类与类之间的距离。开始，因每个样本自成一类，类与类之间的距离与样本之间的距离是等价的，选择距离最小的一对并成一个新类，计算新类与其他类的距离，再将距离最小的两类并成一类，这样每次减少一类，直至所有的样本都成为一类为止。类与类之间的距离有许多定义的方法，不同的定义产生系统聚类的不同方法。在此采用的是中间距离法（类间平均链锁），即合并两类的结果使所有的两两项对之间的平均距离最小。项对的两个成员分别属于不同的类，该方法中使用的是各项对之间的距离，即非最大距离，也非最小距离。

聚类方法中比较常用的相关性计算方法有欧式距离（见式 5.2）、皮尔森相关系数和艾奇逊（Aitchison）距离（John. Aitchison，1981，1992）。

皮尔森相关系数计算公式如下：

$$r = \frac{1}{n-1}\sum_{i=1}^{n}\left(\frac{X_i - \overline{X}}{S_X}\right)\left(\frac{Y_i - \overline{Y}}{S_Y}\right) \tag{5.9}$$

皮尔森相关系数是一种线性相关系数，用来反映两个变量线性相关程度的统计量。相关系数用 r 表示，其中 n 为样本量，分别为两个变量的观测值和均值。r 描述的是两个变量间线性相关强弱的程度，数值在−1 到 1 之间，r 的绝对值越大，表明相关性越强。

艾奇逊距离算法用于计算两列数之间的一致性。其计算原理为：计算一列数中任意 2 个数值之间的比值的自然对数，计算其与另一列数中对应比值的自然对数的差值，对所有数据对数差值求平方和，再开方。计算公式如下：

$$dist(u, U)\left\{\sum_{j=2}^{N}\sum_{i=1}^{j-1}[\ln(u_i/u_j) - \ln(U_i/U_j)]^2\right\}^{1/2} \tag{5.10}$$

式中，u，U 分别表示两列数；u_i，u_j，U_i，U_j 分别为各自第 i，j 个数值。

艾奇逊距离法计算了所有比值间距离并进行求和，全面反映了两列数间的距离，适用于对峰面积、峰高、浓度值的直接比较。

5.5.2 聚类分析用于油品类型鉴别

基于包括正构烷烃、多环芳烃和甾萜类生物标志物在内的 143 个组分峰面积（见表 5.1），分别采用欧式聚类、艾奇逊聚类分析，结果见图 5.6~图 5.8，从图中可以看出，三种方法中，艾奇逊聚类分析聚类结果较好，能较好地把 3 类油品明显区分，而采用欧式距离进行聚类的结果较差。基于 43 个特征比值（见表 5.2），采用欧式距离聚类，基于特征比值的结果显然比基于特征组分面积的聚类结果要强很多，说明特征比值在油品分类中更有表征意义。

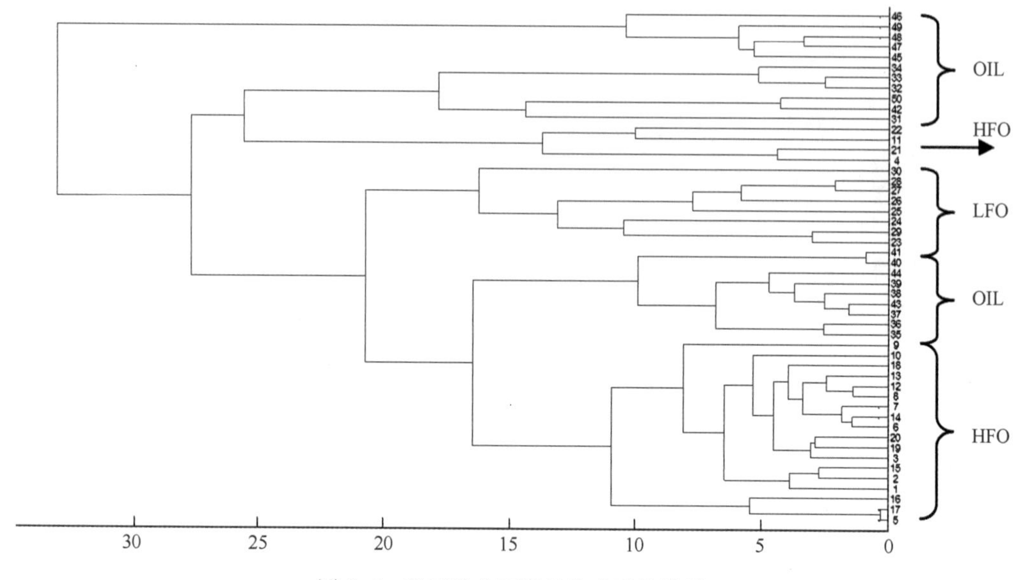

图 5.6　基于组分面积的欧式聚类结果

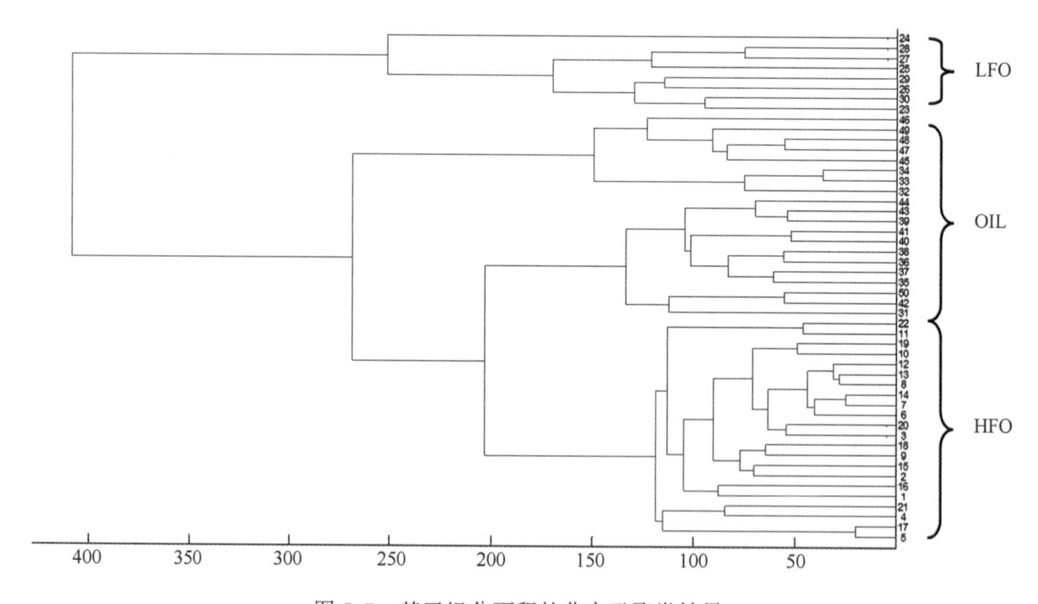

图 5.7　基于组分面积的艾奇逊聚类结果

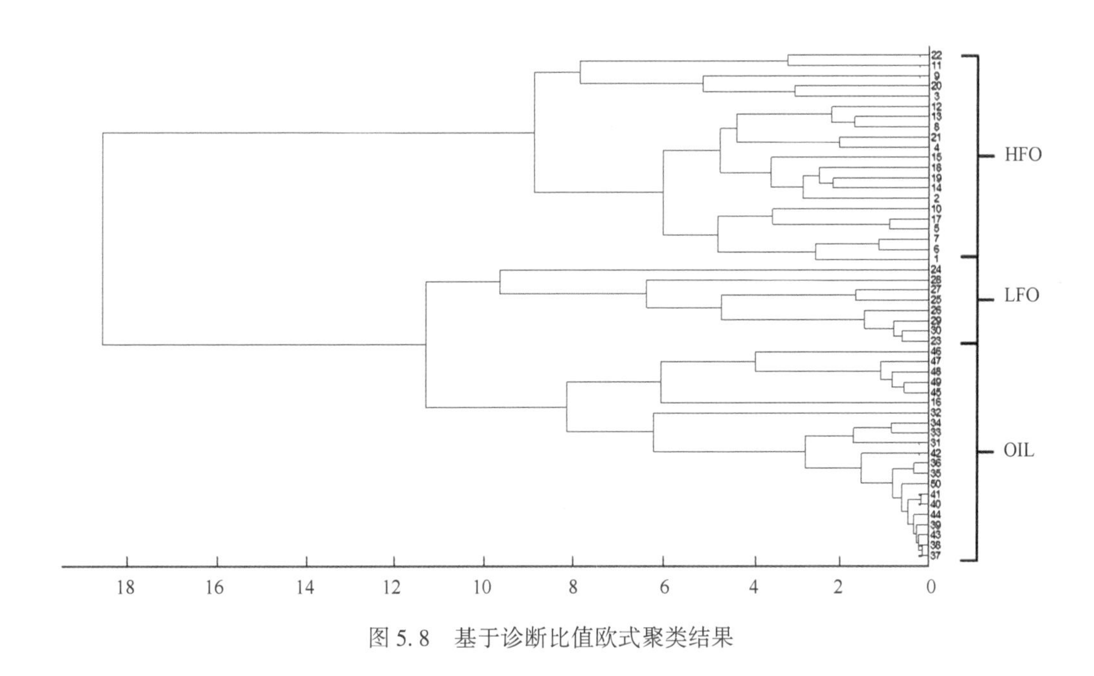

图 5.8 基于诊断比值欧式聚类结果

5.6 *t* 检验法

5.6.1 *t* 检验法的基本原理

t 检验法作为两组均数之间显著性检验的统计方法早已被使用，但近些年才应用于油指纹鉴别中（Harris，1995；Faksness et al.，2002a，2002b，2002c）。

5.6.1.1 *t* 检验的基本公式

根据统计学概念，分析结果中数据应符合 t 分布原理，公式表示为：

$$\mu = \bar{x} \pm \frac{ts}{\sqrt{n}} \tag{5.11}$$

式中：μ 为总体平均值；$\bar{x}$ 为多次平行分析结果的平均值；t 为 t 检验判定标准，采用不同置信区间其值不同，具体值可通过查阅 t 值表获得；s 为多次平行分析结果的标准偏差；n 为分析次数。

图 5.9 给出的是分析结果的分布原理图（$n=3$），从中可看出，t 值越小，置信度越小，数据越可信，所以要将差别较近的油样进行鉴别，须采用较小的置信度。

散点图是进行成对数据比较的一种常用方法，当图上的一点 x 值误差棒跨过 $y=x$ 时，其与 $y=x$ 交于点 A，该点的纵坐标值为 $\bar{y}$，而横坐标值应为 B 点横坐标值，该值应在 $\bar{x}$ −

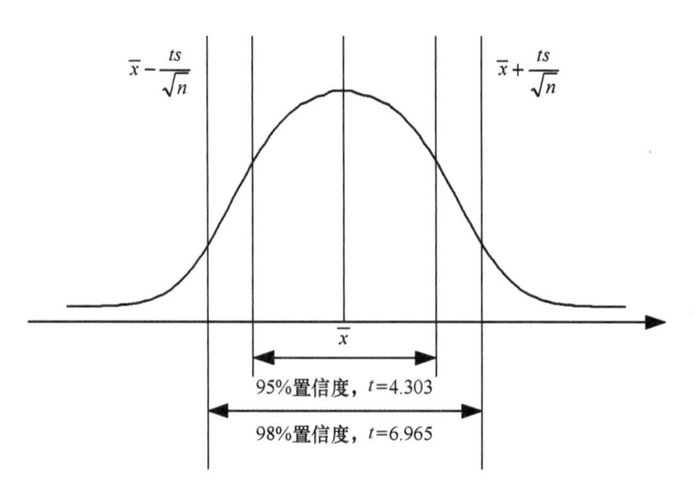

图 5.9　多次平行分析结果 t 分布原理图

$\frac{ts}{\sqrt{n}} < x_B < \bar{x} + \frac{ts}{\sqrt{n}}$ 区间内，即在 x 值总平均值范围之内，所以可认为该点 x 值和 y 值相等。分别求得须进行鉴别的两种油样的 $\bar{x}$ 值，用其做 $x-y$ 散点图，则图上每一点都对应一个诊断比值，其横纵坐标值分别为两种油样该诊断比值的值，该点的 x，y 正负误差分别为两种油样的 $\frac{ts}{\sqrt{n}}$ 值。假如该点的误差棒跨过 $y=x$ 直线，则认为两种油样诊断比值无差异。

5.6.1.2　诊断比值评价

用于 t 检验方法进行不同油品鉴别的诊断比值除应具备一般诊断比值的条件外，还要按图 5.10 中的条件进行进一步筛选。包括反映本次事故风化稳定性和分析精密度，并满足相对标准偏差在 5%～10%内，才可使用。

5.6.1.3　评价标准

将所有经筛选的诊断比值做 $x-y$ 散点图，如图 5.11。两油样相关性评价遵循以下原则。

一致：取置信度为 95%（$n=3$ 时，$t=4.303$），如果各点的 x 或 y 误差棒均跨过直线 $y=x$时，则认为两油样一致；

基本一致：如果两种油样关系不满足一致标准，而取置信度为 98%时（$n=3$ 时，$t=6.965$），各点的 x 或 y 误差棒跨过直线 $y=x$，则认为两油样基本一致；

不一致：取置信度 98%，只要有一点的 x 和 y 误差棒未跨过直线 $y=x$，则认为两油样不一致。

5.6.2　t 检验法对两个油样的鉴别

利用某一原油及其风化 7 天的风化油样验证是否两油样可判断油样一致，利用渤海原

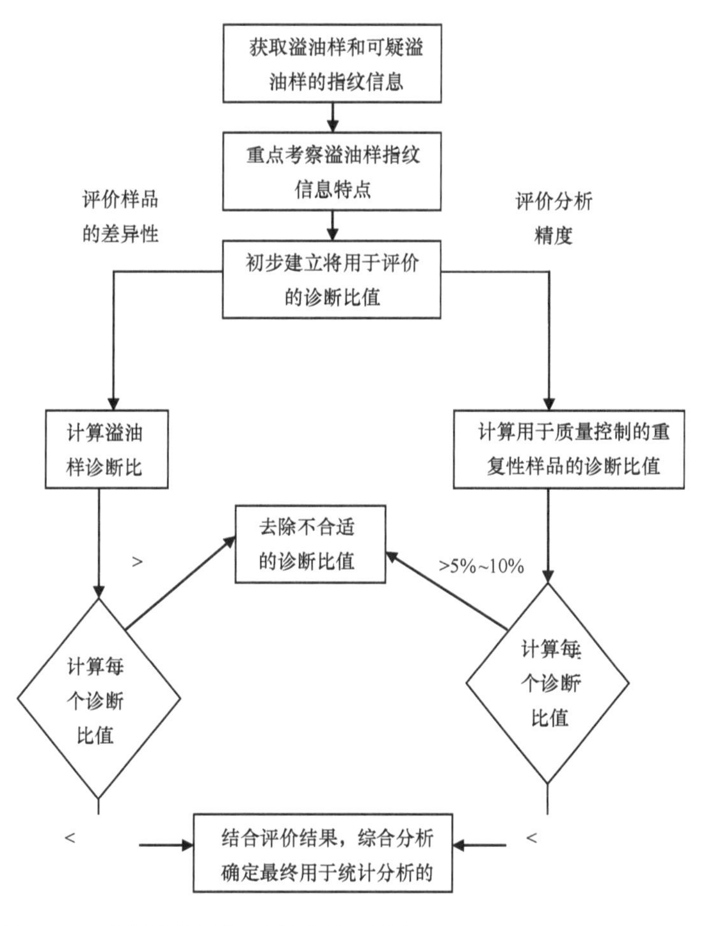

图 5.10　诊断比值评价/去除方法（引自 Per S. Darling et al.，2002）

油 1 和陆地原油 1 验证是否两油样可判断油样不一致。计算出饱和烃中常用的诊断比值，依据图 5.10 中诊断比值评价/去除方法，去掉平行样分析相对标准偏差大于 5%的诊断比值，选取 95%的置信度，进行原始油样及其风化油样的诊断比值 t 检验评价，结果见图 5.12。可以看出，原始油样和风化 7 天的风化油样诊断比值散点的误差棒均跨过 $y=x$ 直线，判断为油指纹一致。选取 98%的置信度，进行渤海原油 1 和陆地原油 1 的诊断比值 t 检验评价，结果见图 5.13，可以看出，渤海原油和陆地原油 1 有多个指标误差棒不能跨过 $y=x$ 直线，判断为油指纹不一致。

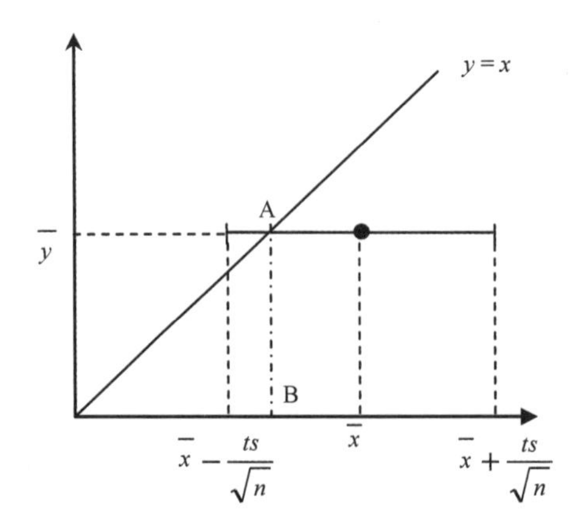

图 5.11　t 检验评价图

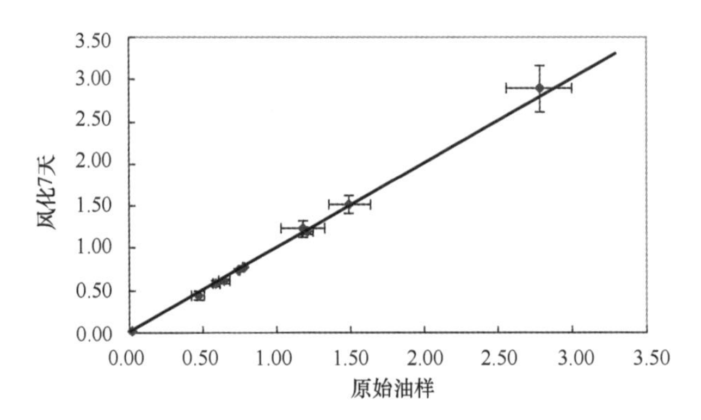

图 5.12　原油及风化油样的 t 检验评价图

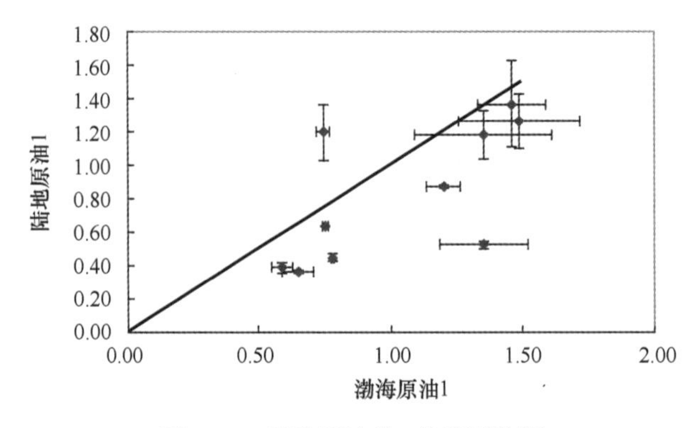

图 5.13　两种原油的 t 检验评价图

5.7　重复性限法

5.7.1　重复性限法的基本原理

重复性限的概念提出很早，利用重复性限进行油指纹诊断比值的比较出现在欧洲（CEN，2006）方法体系中，在此简单叙述一下本方法的基本原理。

5.7.1.1　比较方法

根据重复性限定义，在重复性条件下，对于同一被测量的两次测量结果之差的绝对值不超过重复性限 r 的概率为 95%。由于油指纹分析满足重复性条件，因此，据此认为，若两个诊断比值之差的绝对值不超过重复性限，则判定两个诊断比值一致。

重复性限：

$$r_{95}\% = 2\sqrt{2}s_r = 2.8s_r \tag{5.12}$$

取相对标准偏差为 5%，以样本均值代替总体均值，则：

$$r_{95}\% = 2.8 \times \bar{x} \times 5\% = \bar{x} \times 14\% \tag{5.13}$$

若两个诊断比值之差的绝对值小于 $r_{95}\%$，则认为二者一致。

5.7.1.2　诊断比值评价

对于溢油样和可疑溢油源样品均分析平行样，若样品不均一，则对不均一的样品取两份以上作为不同样品进行分析。对气相色谱图或质量色谱进行积分，求得浓度或峰面积和相应诊断比值。为保证数值的准确性，对于信噪比小于 3 的峰首先舍去，然后比较平行样中每一对诊断比值绝对差值与重复性限的大小。如果大峰诊断比值差值大于重复性限，则检查分析方法、进样浓度等，重新进行分析；如果小峰诊断比值差值大于重复性限，则将该比值舍去，将差值小于重复性限的诊断比值用于样品间的比较。

5.7.1.3　诊断比值比较

求出各样品平行样的经选择的诊断比值平均值，比较样品间平均值绝对差值与重复性限的大小，若多个比值间的差值超过重复性限，或某个比值远远超出重复性限，则认为两油样指纹不一致；结合其他信息，也可判定为可能一致或无法得出结论。若全部比值差值小于重复性限，则认为两油样指纹一致；若仅有个别比值差值略大于重复性限，也认为两油样指纹一致。

诊断比值比较/去除流程见图 5.14。

5.7.2　重复性限法对两个油样的鉴别

基于用于 t 检验的分析数据，任意选出平行样进行重复性限分析，计算出饱和烃中常用的诊断比值。依据图 5.14 中诊断比值选择/去除方法，去掉平行样之间的偏差大于重复

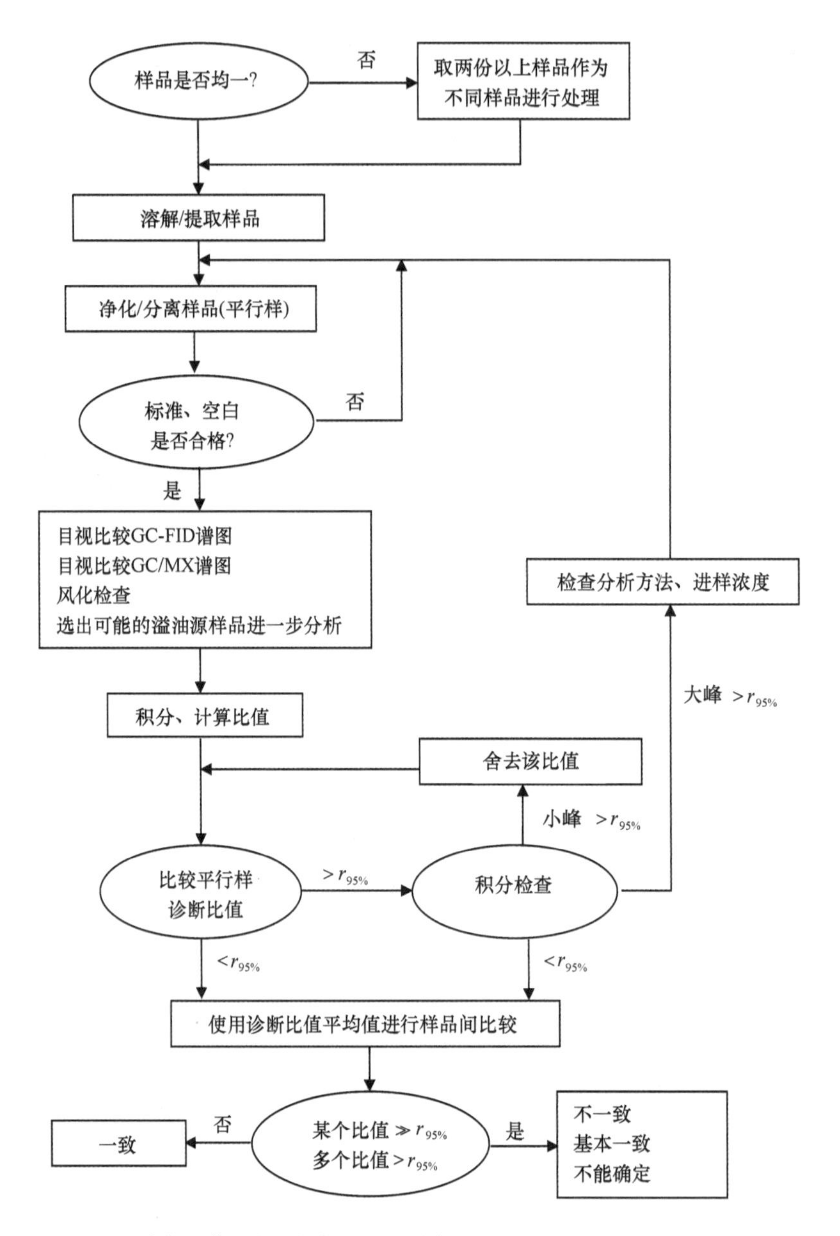

图 5. 14 诊断比值选择/去除流程（引自 BSI Standards Publication，2012）

性限的诊断比值，进行原始油样及其风化油样的诊断比值重复性限分析评价，结果见图 5. 15。可以看出，对于原油及其风化样品，除一个诊断比值的差值接近重复性限外，其余诊断比值的差值小于重复性限，则可以认为两油样指纹一致。进行渤海原油 1 和陆地原油 1 的诊断比值重复性限分析评价，结果见图 5. 16。可以看出，而对于两种不同的原油，绝大部分的诊断比值差值大于重复性限，应该认为两油样指纹不一致。

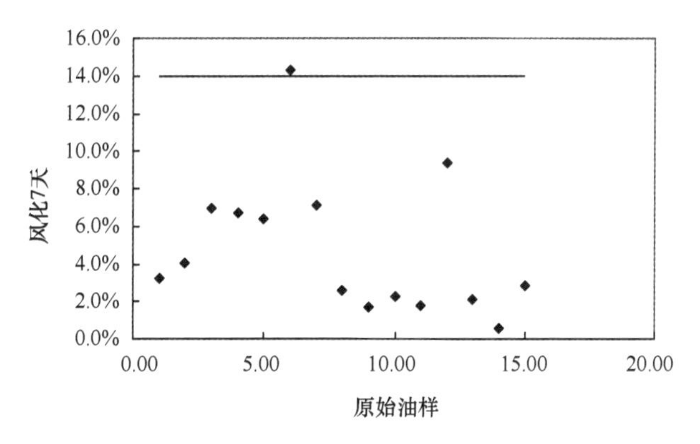

图 5.15　原油及其风化油样重复性限分析结果

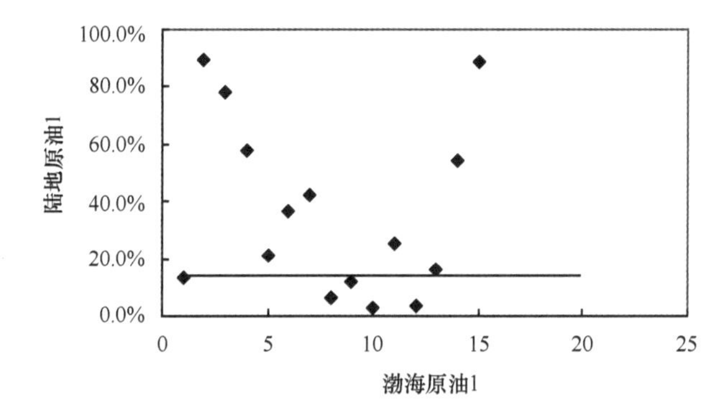

图 5.16　2 种原油重复性限分析结果

第 6 章　油指纹快速分析辅助鉴别及油品信息可视化管理系统

6.1　系统构成

随着海上溢油风险源增多，海上无主漂油事件时有发生，面临众多可疑溢油源和海量的油指纹信息，对如何快速准确确定溢油源，溢油源的快速筛查尤为重要。而要实现快速筛查，主要取决于几个方面：一是要有尽可能多的溢油源样品标准油指纹数据库；二是要实现油指纹，特别是用于鉴别的各种组分的快速定量分析；三是要有基于不同鉴别指标的快速排查分类方法。为此，我们研发了油指纹快速分析辅助鉴别及油品信息可视化管理系统。

油指纹快速分析辅助鉴别及油品信息可视化管理系统分为三大部分：客户机服务系统（C/S 部分）、网络发布系统（B/S 部分）和油指纹综合数据库。客户机服务系统实现了油样信息的存储、地图化显示和检索查询，谱图对比、组分色谱峰准确快速积分，鉴别指标（包括各单石油烃组分和诊断比值）的快速定量计算，油样的快速排查，鉴别报告的自动化同步生成。网络发布系统实现了鉴别结果的网络查询、发布和油样的远程在线鉴别。出于对数据安全的考虑，两个系统所使用的油指纹数据库在物理上是完全隔离的，两个数据库之间的数据交换通过专用的数据交换工具完成。系统构成结构如图 6.1 所示。

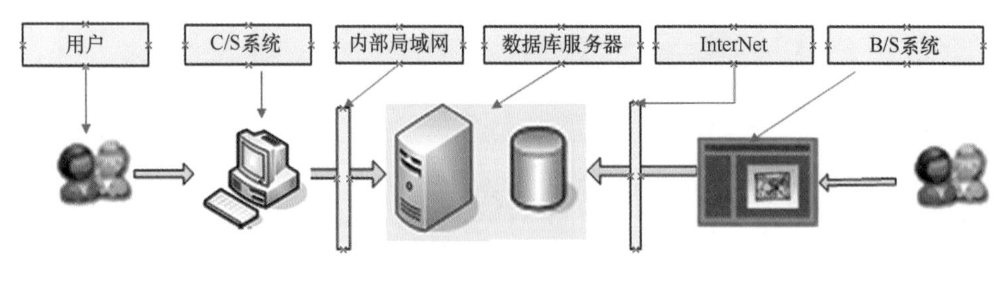

6.1　系统构成结构图

其总体功能结构如图 6.2 所示。

6.2　油指纹综合数据库

针对油样的不同来源，考虑到排查时选库的方便，油指纹综合数据库中设计了原油样

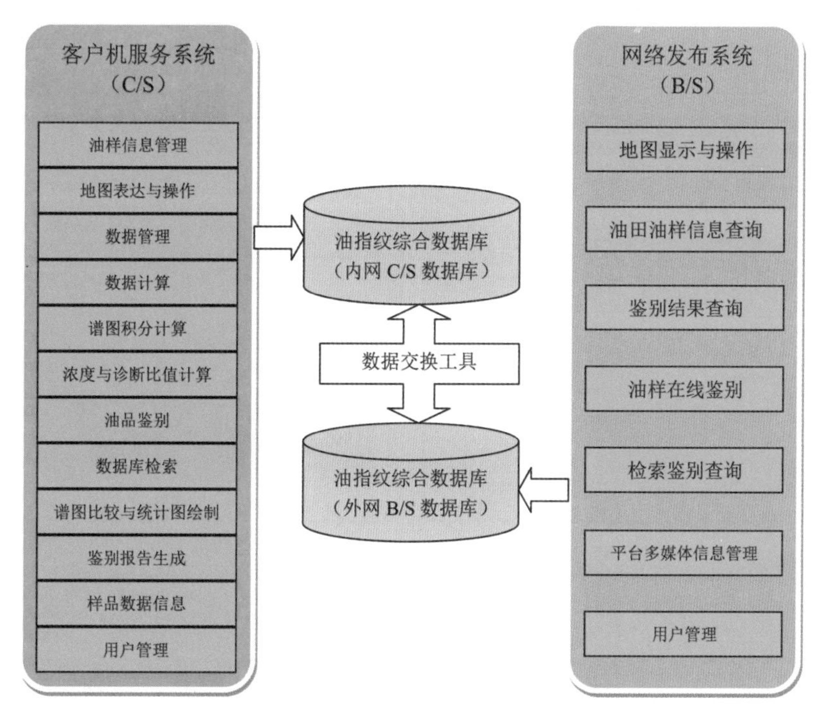

图 6.2　系统总体功能图

库、溢油样库、成品油库、外来油样库和标准物质库。存储的油样信息包括油样的基本来源信息，采样、运输、储存信息，物理性质，化学原始谱图以及从原始谱图中提取出来的特征信息。因此，油指纹数据库可以分为样品属性数据库、原始数据文件库、计算提取特征信息数据库。

样品属性数据库存储油样的基本信息和物理属性，物理属性库的设计实现了油样物理属性的动态管理，即油样物理属性的项目不定，随着时间有增有减。原始数据文件库存储油样仪器分析的数据以及导出数据。不同油指纹分析方法如气相色谱、气相色谱-质谱、荧光光谱、同位素质谱等所获得的原始数据文件不同，一方面保存这些不同的原始数据，另一方面按照样品编号、平行样号、仪器类型、仪器生产厂家扩展名命名，每一个仪器检测文件对应导出一个 TXT 文件。不同的检测仪器，不同的检测分析方法导致数据文件存储的内容不同，数据文件存储入库之前采用不同的文件解析方案提取数据信息保证数据的统一集成处理。计算提取数据库存储油样经系统分析计算的谱图数据、峰数据和诊断比值数据，各个库之间以油样编号连接。

为了有效管理冷藏库中的油样，我们在油指纹综合数据库中专门研发了石油样品冷藏库三维可视化管理系统。这个系统实现了油样冷藏库及其副油样库的存储及三维立体显示查询，油样存储瓶上的信息实现了条码标注，扫描即读。系统主界面如图 6.3 所示。

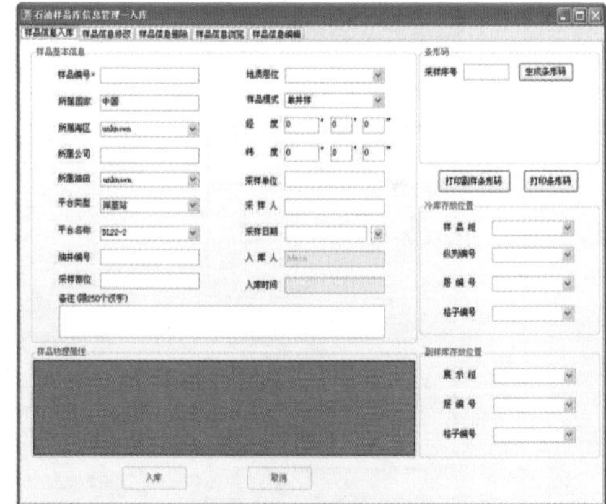

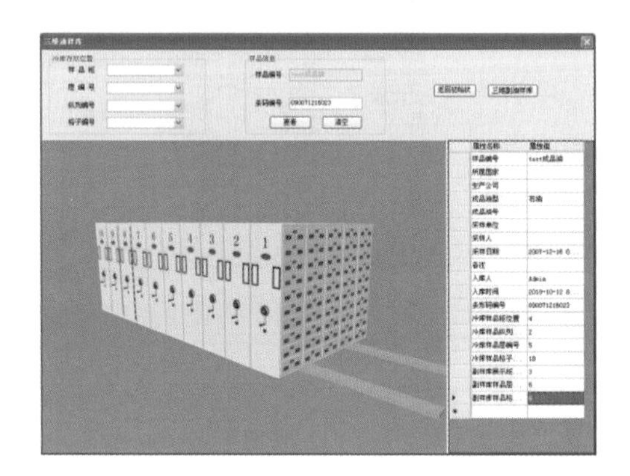

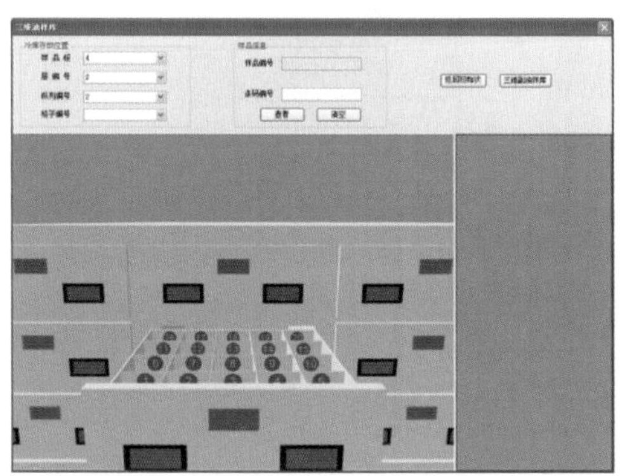

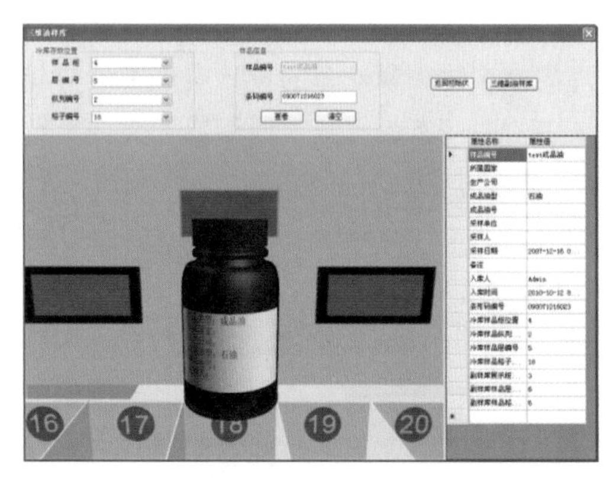

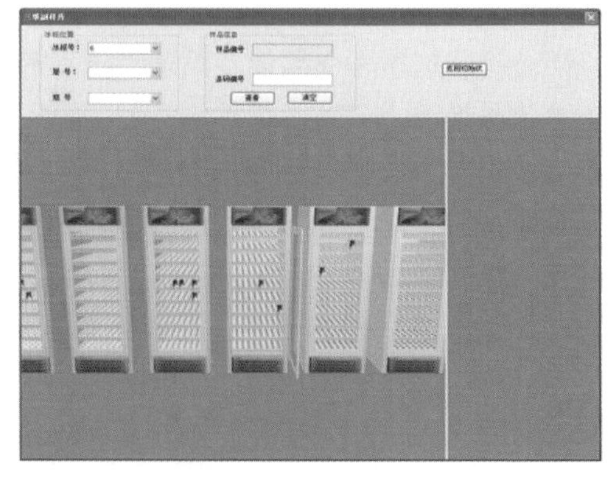

图 6.3　石油样品冷藏库三维可视化管理系统系统界面

6.3　系统关键技术

6.3.1　油组分色谱峰自动积分

气相色谱仪和气相色谱质谱仪自带的数据处理软件中，组分峰的积分都是针对单峰积分，积分的方式相对固定。而用于油指纹鉴别的指标中，有时需要对一组峰进行积分，比如 C1-萘，C2-萘等系列的多环芳烃。即使对单个组分峰的积分，也希望实现批量样品同时按照一个积分方式自动快速完成积分。因为无论是单组分还是多组分，面积的积分准确度是影响鉴别的关键。如果依靠人工识别，不但效率低，而且由于人员不同，时间的差异，会造成积分结果的差异。

在本系统中，针对油指纹的特点，建立了针对单组分峰和多组分峰的面积积分方法，每一个积分方法都包括积分方法名称、离子名称、峰名称、峰起始时间、峰保留时间、峰终止时间、容限、峰类型、序列（用于峰的排序显示）、积分类型（单峰或者多峰）等信息。每一个积分方法都由用户预先存储在油指纹数据库中，在使用时直接调用。选定积分方法后可以进行单峰和多峰的自动识别，自动识别出特征峰后（包括单峰和多峰），即可根据其起始时间、终止时间、峰基线的值进行积分计算。如图 6.4 所示，点 *PL* 和点 *PR* 之间部分即可视为一个完整的单峰，从 *PL* 到 *PR* 的直虚线即为峰基线，*h* 为峰高，*pl* 和 *pr* 代表了构成该峰的相邻的两个数据点。相邻两个数据点之间用直线连接，所以采用梯形公式计算每两个数据点之间一部分峰的面积，例如图中阴影部分所示，最后将各个小梯形面积相加即可得出单峰的峰面积，也就是峰曲线与峰基线所围成的不规则图形的准确面积。该面积与实际情况的误差，受到油指纹专业分析仪器对谱图数据按照时间间隔进行采样的采样密度的限制。

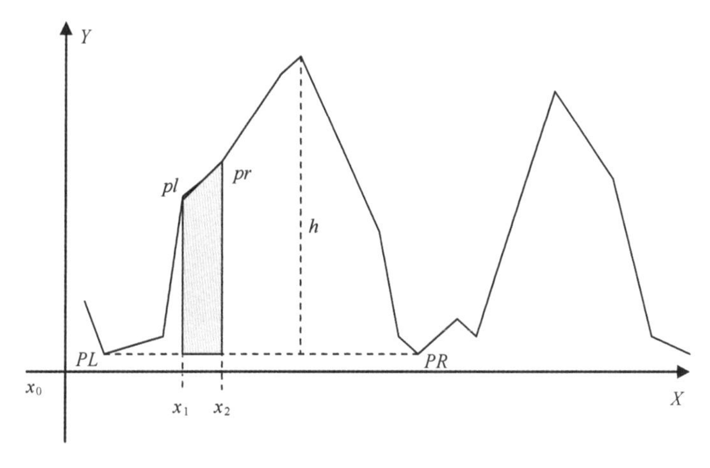

图 6.4　单峰的积分计算示意图（平基线）

多峰的积分与单峰的积分原理相同，但计算过程跨越的时间跨度更大，跨越的峰和谷更多。在本系统中，峰基线在自动识别出来后可以让用户进行交互更改，用户可以根据情况选择绘制平基线或者是斜基线。

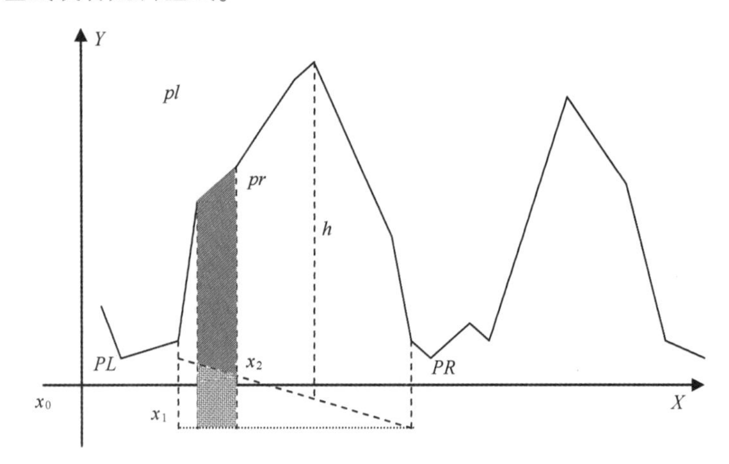

图 6.5　单峰的积分计算示意图（斜基线）

按照斜基线的方式进行积分计算的方法与平基线类似，只是要在计算完整个梯形面积后需要减去斜基线与最小 Y 值处的水平线围成的梯形面积（图 6.5 中方格填充部分），最后保留的是图中斜线部分的面积。用户在交互式更改基线位置的同时，程序自动更新峰起始时间和终止时间，并重新积分计算峰的面积、峰高度等值。

6.3.2　油组分浓度的批量计算

浓度计算是根据峰高或峰面积，利用标准物质的分析结果，计算化合物浓度。首先计算出每种组分的相对响应因子（*RRF* 值），再将 *RRF* 值代入浓度计算的公式中得到组分的浓度值，浓度计算的公式如下：

$$C = \frac{A_C}{A_I} \times W_I \times \frac{1}{RRF} \times \frac{1}{W_S} \times D \tag{6.1}$$

式中，A_C 为样品中 C（待计算组分）的峰面积；A_I 为样品中内标的峰面积；W_I 为样品中内标浓度；*RRF* 为 C（待计算组分）相对应的 *RRF* 值；W_S 为样品平行样的量；D 为样品平行样的稀释倍数；

其中，

$$RRF = \frac{A_C}{A_I} / \frac{W_C}{W_I} \tag{6.2}$$

式中，A_C 为 C 的峰面积（样品）；A_I 为 C 对应类别的内标的峰面积（样品）；W_I 为标准中内标的量；W_C 为标准物质中组分的量。

从数据库中读取 C 组分样品的峰面积，对应内标的峰面积以及标准物质中内标的量和标准物质组分的量，进行 *RRF* 值的计算，计算得到的 *RRF* 值可以导出以备后用，不存入数据库。再从数据库中读取组分的峰面积，样品中内标的峰面积，样品中内标浓度，样品中平行样的重量和稀释倍数，再代入之前得到的 *RRF* 值，得出最终的浓度值。该样品的浓度值直接写入数据库中，可以通过样品信息查询它的值。

6.3.3　溢油源快速排查

油指纹鉴别中，主要使用正构烷烃、多环芳烃、生物标志物组分及诊断比值作为鉴别指标。但作为油指纹排查指标，还要考虑排查所需的条件。例如：正构烷烃及类异戊二烯类中，一般选用 C17、C18、姥鲛烷、植烷作为鉴定指标。对于原油，由于部分原油中正构烷烃已被降解完全，因此对于原油的排查应首先判断原油的类型，确定其中是否含有足够含量的正构烷烃和类异戊二烯类。倍半萜类分子量小，容易受到风化影响，溢油样品一般都已受到一定程度的风化影响，因此倍半萜类一般不作为首要的溢油指纹排查指标；三环萜类稳定性比倍半萜略高，诊断比值 C23 萜/C24 萜可作为备选指标。五环萜烷类性质稳定，是可靠的鉴定指标。其中，17a（H），21b（H）-25-降藿烷、C30 重排藿烷、17b（H），21a（H）-30-降藿烷、18a（H）-奥利烷、伽马蜡烷在部分原油中含量极低，以至于难以准确积分，因此在运用这些组分及其相关诊断比值作为排查指标时，应首先检查其组分丰度、积分准确性，在其达到一定丰度时才可选择作为排查指标。但正因为这些指标在不同油品中有的极低，有的具有显著丰度，差别较大，因此是非常有效的指标。甾烷类性质稳定，是可靠的排查鉴定指标。烷基化多环芳烃系列：萘、菲、芴、屈、二苯并噻吩等及其烷基化系列，在油品中具有很高的丰度，是较好的鉴定指标。其中萘易被风化，菲也较容易风化，因此在选择时尽量选择二苯并噻吩、屈等稳定的组分作为排查指标。常规单体多环芳烃是较好的鉴定指标，其中部分容易受到蒸发风化、光降解等的影响，在采用这些指标之前，应首先判断溢油样品的风化程度，确定可能受到风化的指标，选择可靠的排查指标。蒽、甲基蒽等是燃料油特征指标，原油中含量极低，只在燃料油排查中使用。除个别组分外，大多数 EPA 优先控制多环芳烃在原油和燃料油中含量均较低，导致分析误差较大，一般不适宜作为排查指标。分散性高、分布均匀的诊断比值区分能力强，较适用于作为排查指标。

油指纹排查方法有许多，本系统中主要采用了 3 种方法，包括皮尔森相关系数、艾奇逊距离和差方和。在初期运行阶段，发现相关系数法存在一定缺陷，有时候难以真实反映样品间的一致性大小，因此又引入了艾奇逊距离法（式 5.10）和差方和法。

差方和法是两对指纹数据的比较、最简单直观的比较办法，就是直接比较对应数据之间距离，再进行求和。基于这一考虑，设计了差方和算法。其计算原理为：先对两列数据各自归一化，然后计算归一化之后每对数据之间的差值，公式如下：

$$dist(u,\ U) = \sum_{i=1}^{n}\left(\frac{u_i}{u_{\max}} - \frac{U_i}{U_{\max}}\right)^2 \tag{6.3}$$

式中，u，U 分别表示两列数；u_i，U_i 分别为各自第 i 个数值。

随着数据库中数据量的增大，在对全库进行检索时速度越来越慢，影响了排查效率。

图 6.6　检索参数选择界面（参数选定后）

部分油样品在某些指纹上具有比较突出的特征，设计了根据这些特征进行初步筛选，缩小排查范围，然后进行下一步排查。基于上述考虑，增加设计了条件检索（图 6.6 和图 6.7）和子数据库功能。子数据库相当于数据的分类，在全库数据中，按照某些特定条件，提取出符合条件样品的集合作为子数据库，子数据库不增加数据量，只是在全库的基础上按照规定条件临时显示出来，字数据库之间可存在数据交叉重叠。检索时，可以同时指定一个或多个诊断比值的数值范围，在指定的数据库分类中筛选出同时符合所有诊断比值范围要求的样品，列表显示，结果表可保存为一个新的子数据库。在自动检索中，可选择子数据库作为检索范围，检索结果又再存为新的子数据库。

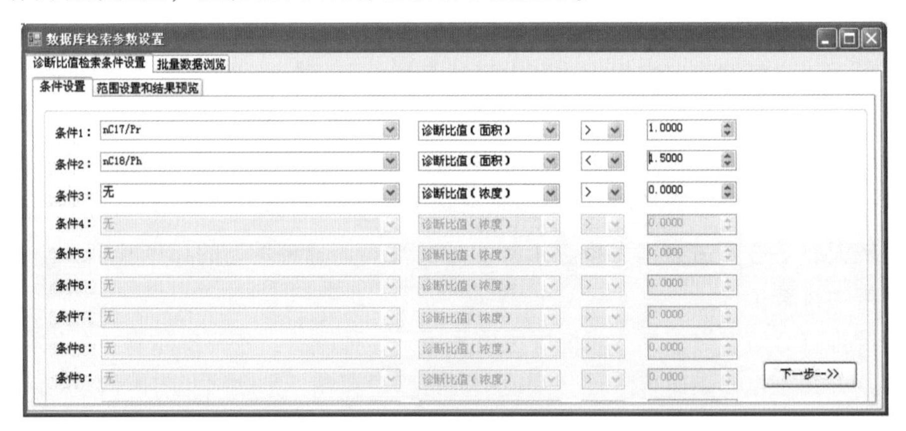

图 6.7　条件检索界面

6.3.4　溢油样快速鉴别

溢油鉴别首先是溢油类型的判别，然后是和可疑溢油源样品的比对。溢油类型的鉴别除了根据各种油品类型自身的油指纹独具的特征进行直观确定外，还可以基于大量已知类型油样的基础上，利用多元统计方法，例如聚类分析和主成分分析等进行大致分类判别。

而对于两个油样之间的比对，则主要采用 t 检验法、重复性限法、相关系数法。本系统中均实现了上述方法的应用。

6.3.5 油指纹信息的可视化统计分析与表达

油指纹鉴别作为一项复杂的技术工作，仔细分析比对原始谱图的特征和特征指标统计结果非常重要，因此谱图的易读和便于比较非常必要。为此，系统实现了油样的气相色谱图和质量色谱图自动化绘制与交互式操作以及油指纹信息统计图的绘制。

油指纹谱图绘制与交互操作主要实现油指纹谱图的显示、缩放，多个谱图的叠加比较、缩放、位移。在谱图分析模块中，界面中间部分是谱图显示区域，分为上下两部分，上面部分是谱图的缩略图，可以显示完整的谱图，并可将其放大，平移；下面部分用来放大显示缩略图的一部分，并可在其上面进行各种操作，比如绘制基线，鼓包等。

油指纹信息统计图则通过散点图、柱形直方图和折线图等形式直观显示油样组分峰高，峰面积、浓度和诊断比值的分布图，分布模式的差异，表明了油样间的差异。

6.3.6 远程油样申请与鉴别

溢油事故一旦发生，溢油源的排查和确定是溢油事故处置中亟须解决的问题之一。特别是可疑溢油源很多，而且在当地检测部门没有大量油指纹库的情况下，通过远程网上传递，实现快速远程排查显得尤为必要。因此，油指纹网络发布系统提供了基于 Web 的远程油样鉴别申请与在线鉴别功能。油指纹分析人员对样品进行了油指纹图谱分析后，将分析结果数据文件保存入油指纹数据库。每一个样品都有一个唯一编号，远程授权用户可以通过该编号对数据库中指定范围的样品进行检索鉴别，并将排查结果列表反馈申请人。

6.3.7 鉴别报告的自动生成与管理

油指纹快速分析辅助鉴别及油品信息可视化管理系统可以允许用户自行设定鉴定报告模板，也能够自动获取或手动录入样品信息、鉴定结果，打印鉴定报告（图 6.8）。在报告中，可根据用户选择的样品和设置的需要显示样品的相关信息，自动生成样品信息表；可对已经产生的图表进行编辑；可以添加结论文字；可以保存为 doc 格式。完成的报告文件存入数据库或者本地硬盘。鉴别工作结束后，调出溢油事件，填写发现时间、鉴定时间、鉴定结果、备注等信息。用户可以在报表页面新建一个报告文档，可以选择溢油事件后导出或者直接打开数据库中已经存在的报告文件，也可以把一个存在于本地硬盘上的报告文档加载到当前程序中来。在已经存在一个打开的报告文档的情况下，随着油指纹分析过程的进行，用户可以向报告中插入油样信息、各种谱图、鉴定结论等构成溢油鉴定报告主要内容。插入的方式分为插入到默认位置和插入到当前鼠标光标处两种。当溢油分析结束并且得出鉴定结论时，溢油报告也同时基本完成。用户只需要像编辑 Word 文档一样编辑溢油报告，对其进行格式设置等操作，就可达到用户想要的效果。格式设置完毕后，如果用户对报告满意，可以直接将其存入数据库或者保存到本地，用户也可以将保存到本地的溢油报告直接上传到服务器的数据库中。

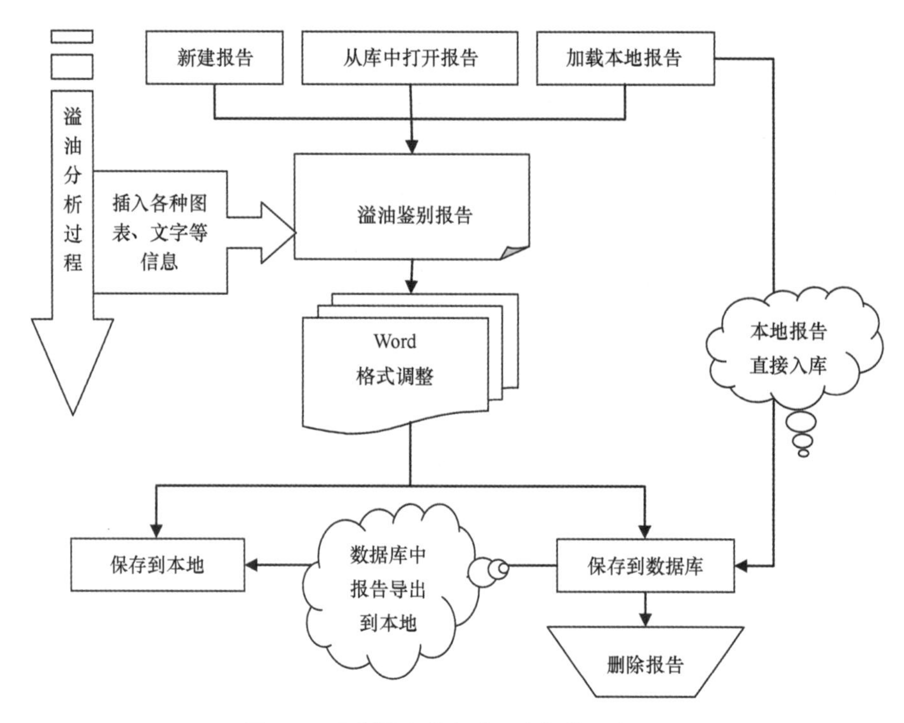

图 6.8　鉴别报告的自动生成与管理流程

第7章　溢油鉴别体系和溢油鉴别实例

7.1　溢油鉴别体系

7.1.1　溢油鉴别原则

基于以上介绍的5种分析方法，包括红外光谱法（IR）、荧光光谱法（FS）、气相色谱法（GC-FID）、气相色谱/质谱法（GC/MS）和单分子烃稳定碳同位素法（GC/IRMS），我们可以综合应用，对溢油进行逐级鉴别法。首先进行可疑溢油源样品的筛选，红外光谱法和荧光光谱法作为可选方法，先于气相色谱法进行初步筛选，排除掉明显不一致的可疑溢油源样品，然后采用气相色谱法和气相色谱/质谱法，基于气相色谱、气相色谱/质谱信息，必要时辅以单分子烃稳定碳同位素测定法，进行最终鉴别。

7.1.2　分析鉴别流程

7.1.2.1　鉴别步骤

分析鉴别流程如图7.1所示，整个鉴别步骤分三步。

1）第一步

采用荧光光谱法、红外光谱法和气相色谱法对样品（包括溢油样、可疑溢油源样和背景样品）进行筛选分析。

（1）通过对荧光光谱、红外光谱的原始指纹比较，进行可疑溢油源样品的初步筛选。

（2）获得溢油样品和可疑溢油源样品的气相色谱谱图和烃的总体分布，获取正构烷烃的分布（以各正构烷烃及姥鲛烷和植烷与n-C25的相对峰面积或浓度表示）。

（3）获得溢油样品和可疑溢油源样品的诊断比值：n-C17/Pr，n-C18/Ph，Pr/Ph。

（4）通过对溢油样品与可疑溢油源样品的气相色谱谱图、烃的总体分布、正构烷烃分布、诊断比值比较，结合背景样品的指纹信息，观察是否有差异，如果没有差异，则继续进行气相色谱/质谱法分析；否则进行风化检查，确定差异是否是由风化引起的，如果是风化引起或不能确定是否由风化引起，则进行气相色谱/质谱法分析；否则得出“不一致”的鉴别结论。

2）第二步

采用气相色谱法、气相色谱/质谱法对上述无法筛选的溢油样和可疑溢油源样进行正构烷烃、目标多环芳烃和甾、萜烷类生物标志化合物分析（平行样分析）。

（1）获得溢油样和可疑溢油源样的正构烷烃分布（用相对于 n-C25 的相对峰面积或浓度表示）及一系列的诊断比值。

（2）获得溢油样和可疑溢油源样的目标多环芳烃的分布（用相对于 17α（H），21β（H）-藿烷的相对峰面积或浓度表示）及一系列的诊断比值。

（3）获得溢油样和可疑溢油源样的特征（选定的）甾、萜烷类生物标志物分布（用相对于 17α（H），21β（H）-藿烷的相对峰面积或浓度表示）及一系列的诊断比值。

（4）比较溢油样与可疑溢油源样特征离子的质量色谱指纹、多环芳烃和甾、萜烷类生物标志化合物的分布是否有差异，如果没有，进行下一步的诊断比值评价和比较；否则进行风化检查，确定差异是否是由风化引起的，如果是风化引起或不能确定是否由风化引起，则进行诊断比值评价和比较；否则得出“不一致”的鉴别结论。

3）第三步

进行风化影响评价、诊断比值评价和比较。

（1）风化影响评价：基于正构烷烃、多环芳烃的风化检查结果进行风化影响评价；

（2）诊断比值评价：受风化影响小且能准确测量；

（3）诊断比值比较：基于确定的诊断比值，采用重复性限方法进行溢油样与可疑溢油源样的相关性分析。

7.1.2.2 样品的感官检查和记录

接收到样品，在进行油样处理分析前，应该详细对样品的颜色、气味、黏度、游离水的量和所含杂质等进行描述，并且对样品及包装进行拍照，做好记录保存。

7.1.2.3 风化检查

风化检查和评价详见第 4 章。

7.1.2.4 诊断比值确定

确定用于统计分析的诊断比值，主要综合考虑以下条件。

（1）诊断比值具有独特性和差异性，具有地球化学意义；

（2）诊断比值基本不受或受风化影响较小。

溢油鉴别过程中，诊断比值要根据实际情况经过诊断比值重复性筛选有选择地使用。

7.1.2.5 利用重复性限进行诊断比值比较

详细方法见 5.7。

7.1.3 鉴别结论

（1）一致：溢油样品与可疑溢油源样品的原始指纹（包括气相色谱图、质量色谱图）、正构烷烃及姥鲛烷和植烷、多环芳烃和甾、萜烷类生物标志化合物的分布实质上是一致的，有差异是由于风化或分析误差引起的；所确定的诊断比值差值绝对值均小于相应

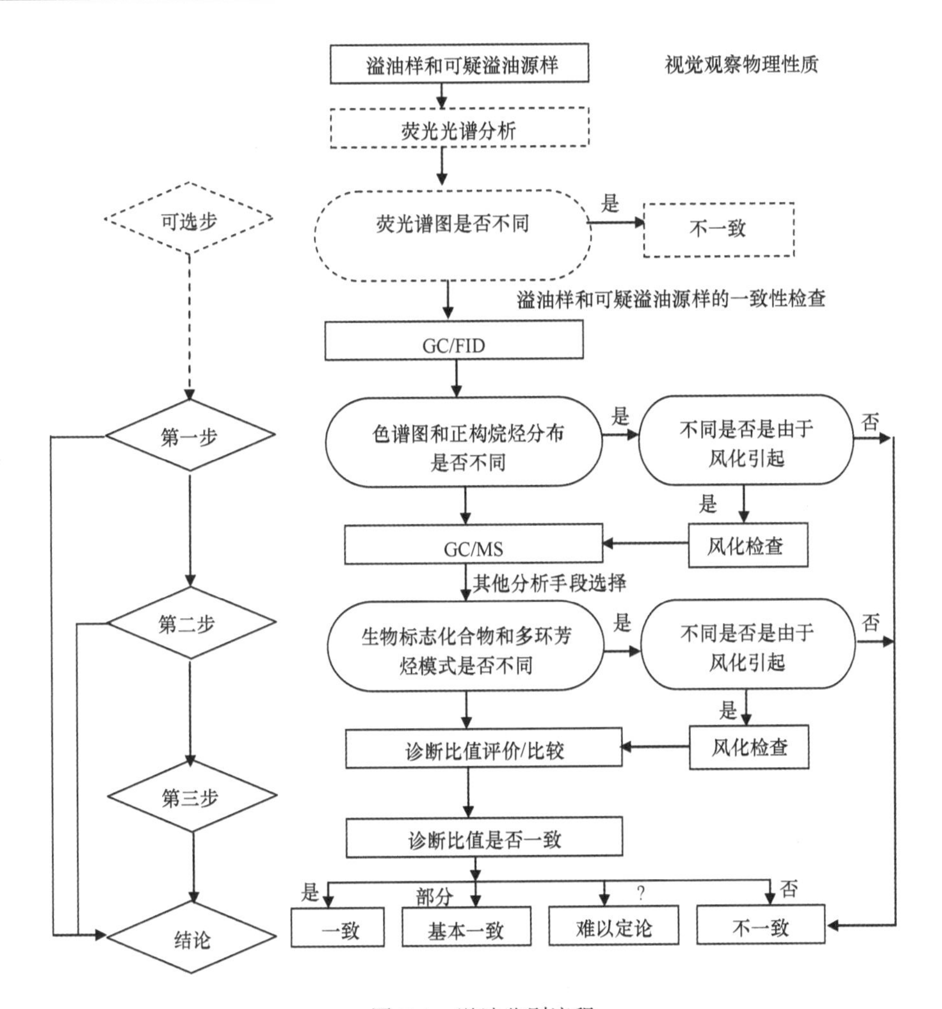

图 7.1　溢油鉴别流程

的重复性限或仅有个别比值差值绝对值略高于相应的重复性限。

（2）基本一致：溢油样品与可疑溢油源样品的原始指纹（包括气相色谱图、质量色谱图）、正构烷烃及姥鲛烷和植烷、多环芳烃和甾、萜烷类生物标志化合物的分布略有差异，差异或者来自风化（如低分子量化合物的损失和蜡重排：蜡析或蜡富集），或者来源于特定的污染；所确定的诊断比值差值绝对值有 1 个明显高于相应的重复性限或有多个略高于相应的重复性限。

（3）不能确定：溢油样品与可疑溢油源样品的正构烷烃及姥鲛烷和植烷、多环芳烃和甾、萜烷类生物标志化合物的分布一定程度上相似，但差异较大，而且无法判断差异是否是由于严重风化所致，还是实际情况就是两种不同的油；所确定的诊断比值差值绝对值有 1 个明显高于相应的重复性限或有多个高于相应的重复性限。

（4）不一致：溢油样品与可疑溢油源样品的荧光光谱谱图、红外光谱谱图、正构烷烃及姥鲛烷和植烷、多环芳烃或甾、萜烷类生物标志化合物的分布差异明显，并且差异不是由于风化引起；所确定的诊断比值差值绝对值有 1 个明显高于相应的重复性限或有多个高于相应的重复性限。

7.2　溢油鉴别实例

自 2007 年以来，我们一直参加欧洲标准委组织的溢油鉴定互校。2010 年受其专家组的委托由我们组织了互校工作，包括油样的准备、分发和技术总报告的编写，专家研讨会上总体工作的介绍。经过研讨，确定本次互校主要考察 2 个方面的鉴定能力：一是对于重质燃料油的鉴定，二是对于受到生物降解的溢油样的鉴定。提供给参加实验室的油样包括 5 个：1 个是溢油样，为重质燃料油；2 个是在室内模拟池中开展的微生物修复实验所得的两个不同时间（程度）的生物降解油样；2 个原始（未风化）原油样品，其中 1 个为没有开展模拟生物降解实验的原始原油样品。5 个样品的编号为：RR2010-1（溢油样品，是重质燃料油）、RR2010-2 和 RR2010-3 分别是采自 A 油田原油样品 RR2010-4 的经过 10 天和 144 天微生物降解模拟实验后的生物降解油样，RR2010-5 为采自 B 油田的原油样品。在分发给各实验室的样品说明中，对提供的 5 个油样做了如下描述：2010 年 6 月，在渤海东部沿岸海域采集 2 个溢油样，一个采自港口，编号为 RR2010-1；一个采自岸滩，编号为 RR2010-2；一个月后，又在岸滩上采得一个溢油样品，编号为 RR2010-3。在不同的石油平台输油管线采得 2 个可疑溢油源样品，编号分别为 RR2010-4 和 RR2010-5。各油样称取 5 g 左右，用二氯甲烷溶解，无水硫酸钠去水，转移至 50 mL 容量瓶定容，浓度大约为 100 mg/mL。然后分装分发，作为参与单位，我们也按照互校的规定进行本次分析鉴定工作。

所有的油样都以正己烷为溶剂稀释至 5 mg/L 上机分析，采用 GC/FID（岛津 GC2010）和 GC/MS（岛津 GCMS-QP2010）进行三平行分析。

（1）GC/FID 样品分析条件：DB-5 色谱柱（长度：30 m，内径：0.32 mm，涂层厚度：0.25 μm）；载气（高纯氦气，2.5 mL/min）；最高柱温：300℃；隔垫吹扫时间：2 min；升温程序（50℃保持 2 min，以 6℃/min 的速度升到 300℃，在 300℃保持 27 min）；进样方式（不分流）。

（2）GC-MS 分析条件：DB-5MS 色谱柱（长度：30 m，内径：0.25 mm，涂层厚度：0.25 μm）；载气（高纯氦气，1.37 mL/min）；最高柱温（330℃）；隔垫吹扫时间（2 min）；进样方式（不分流）；升温程序（42℃保持 2 min，以 5.5℃/min 的速度升到 330℃，在 330℃保持 16 min）；选择离子 m/z（83、85、123、128、142、152、154、156、162、166、170、178、180、184、191、192、194、198、202、206、208、212、216、217、218、219、220、226、228、230、231、234、242、244、252、256、270、276、278）。

7.2.1　油品类型鉴定

对比气相色谱图和质谱图（图 7.2~图 7.10），油样 RR2010-1 与其他样品明显不同，表现出明显的重质燃料油特征。

（1）多环芳烃含量丰富（气相色谱图）；

（2）含有较高浓度的不饱和烯烃（m/z 83）；

（3）蒽、甲基蒽出峰明显（m/z 178、m/z 192）；

（4）甲基芘系列分布均匀且丰度较高（m/z 216）；

（5）C1-芘系列丰度明显高于规则甾烷（m/z 217）。

这些特征充分说明 RR2010-1 为重质燃料油，而其他 4 个油品不具有这些特征，为原油。

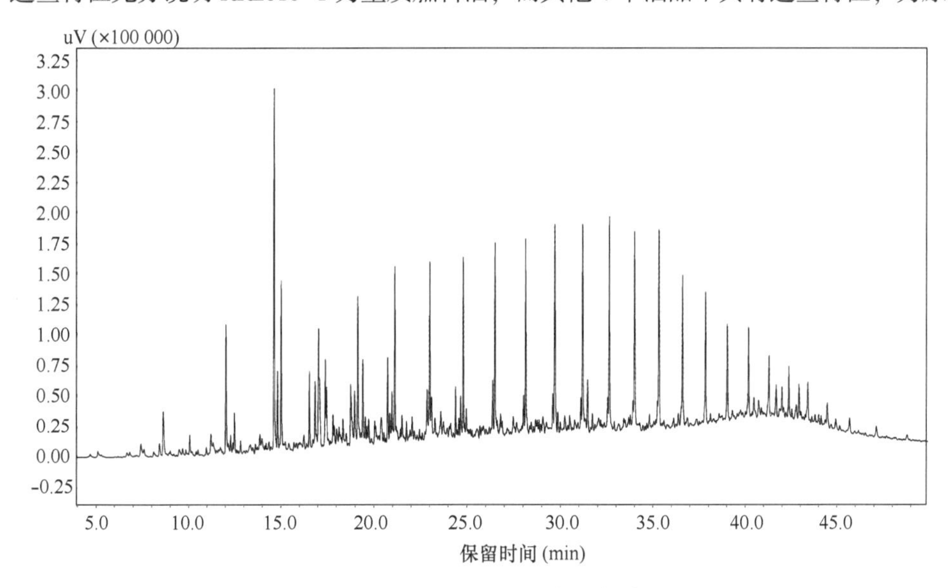

图 7.2　油样 RR2010-1 气相色谱图

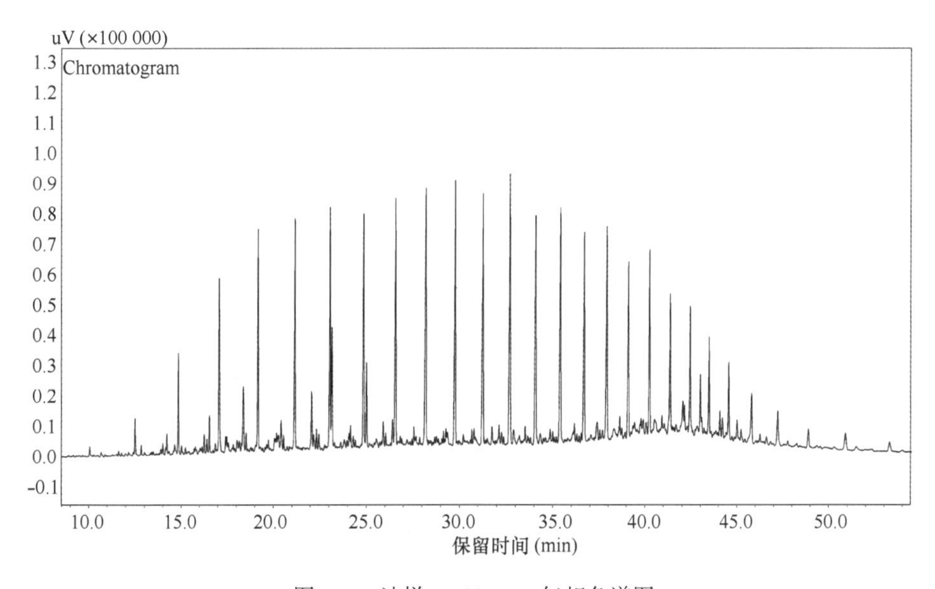

图 7.3　油样 RR2010-2 气相色谱图

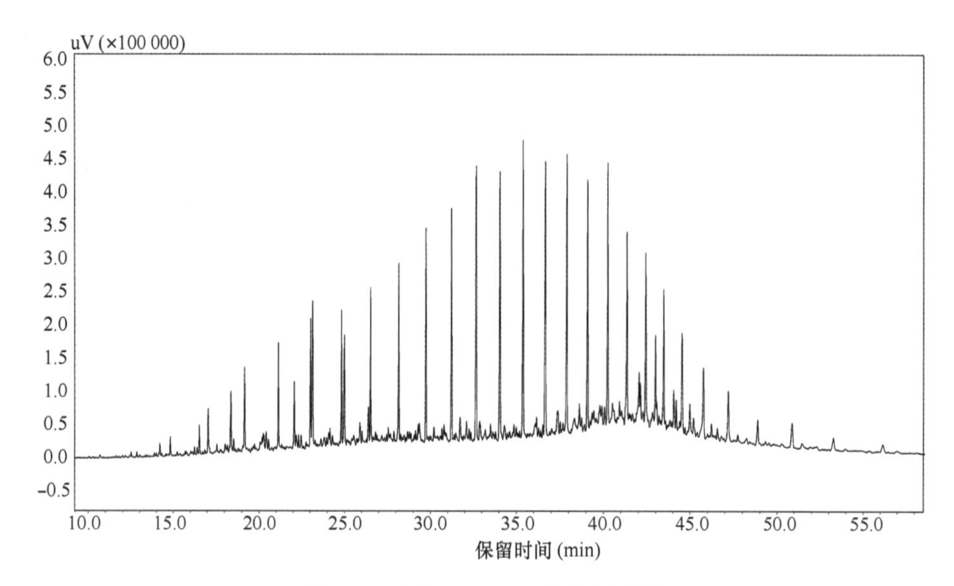

图 7.4　油样 RR2010-3 气相色谱图

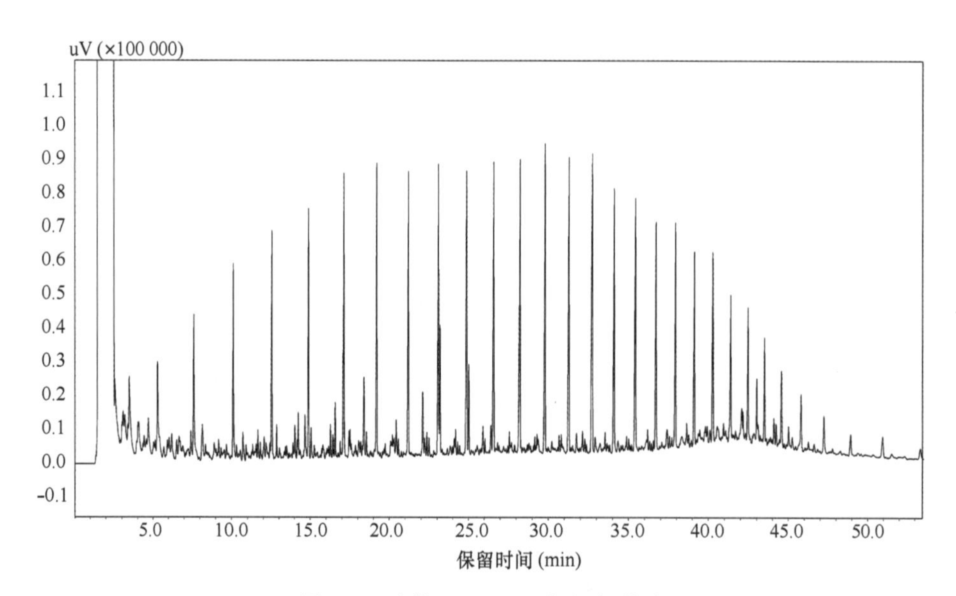

图 7.5　油样 RR2010-4 气相色谱图

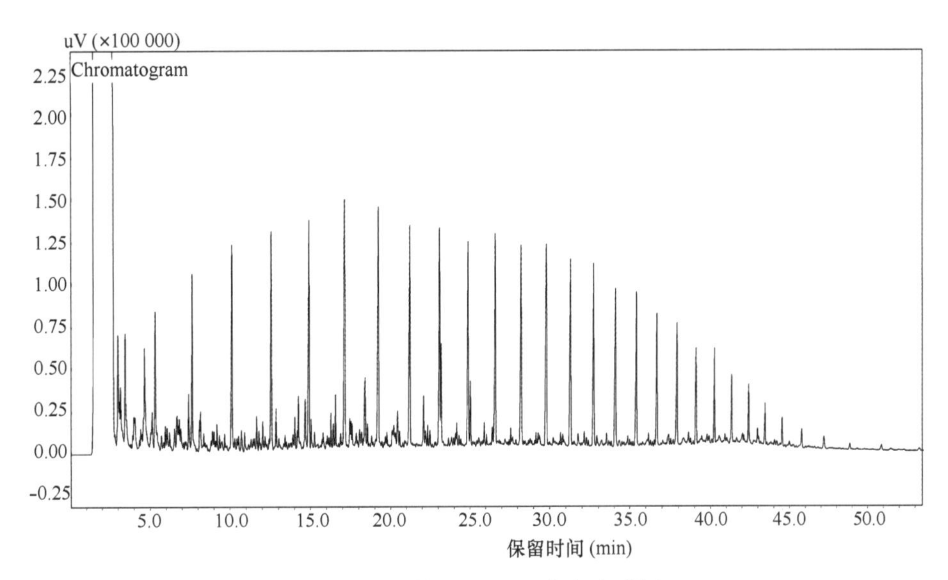

图 7.6　油样 RR2010-5 气相色谱图

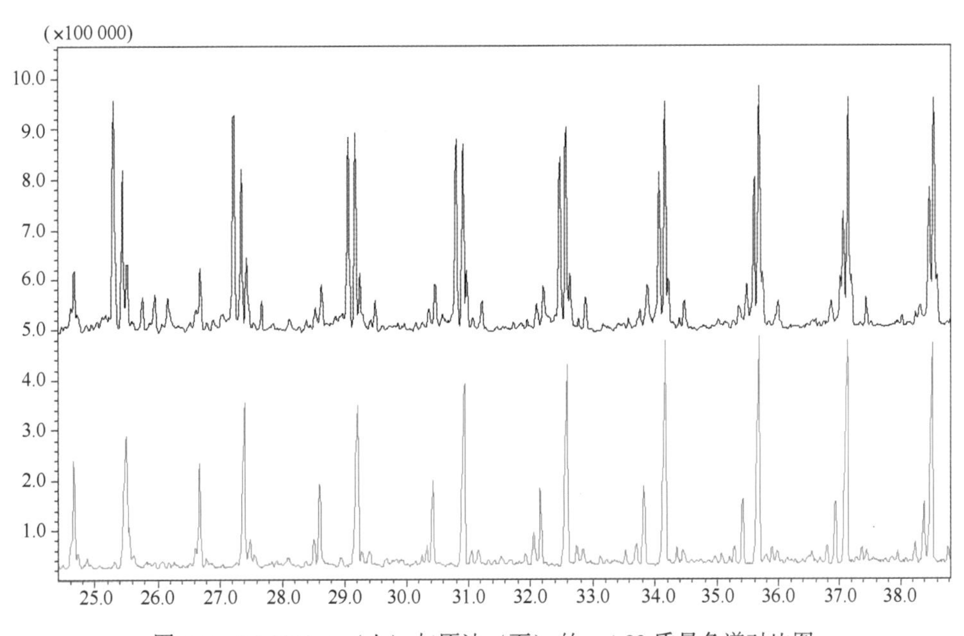

图 7.7　RR2010-1（上）与原油（下）的 m/z83 质量色谱对比图

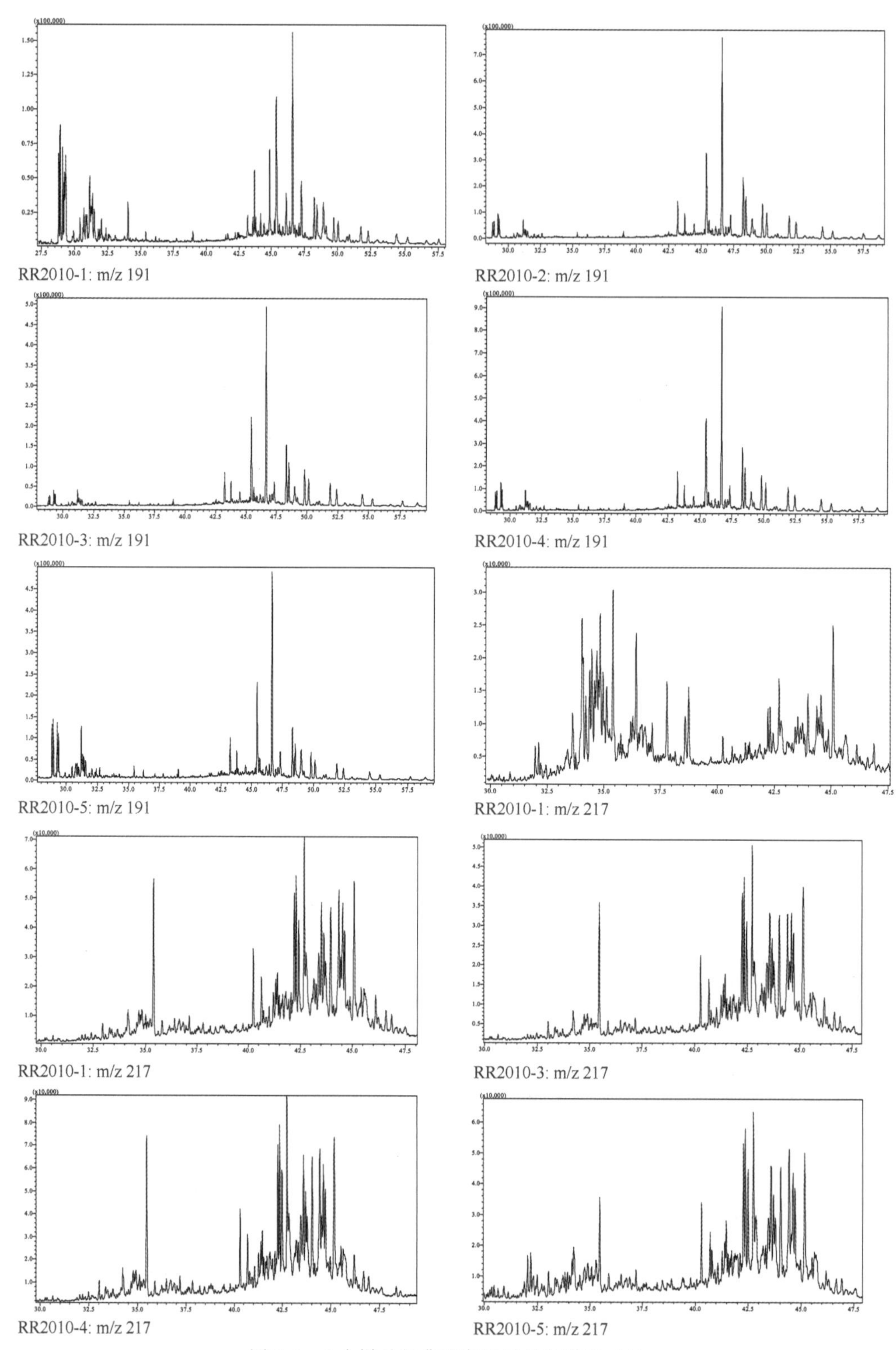

图 7.8　5 个样品的典型离子质量色谱图（1）

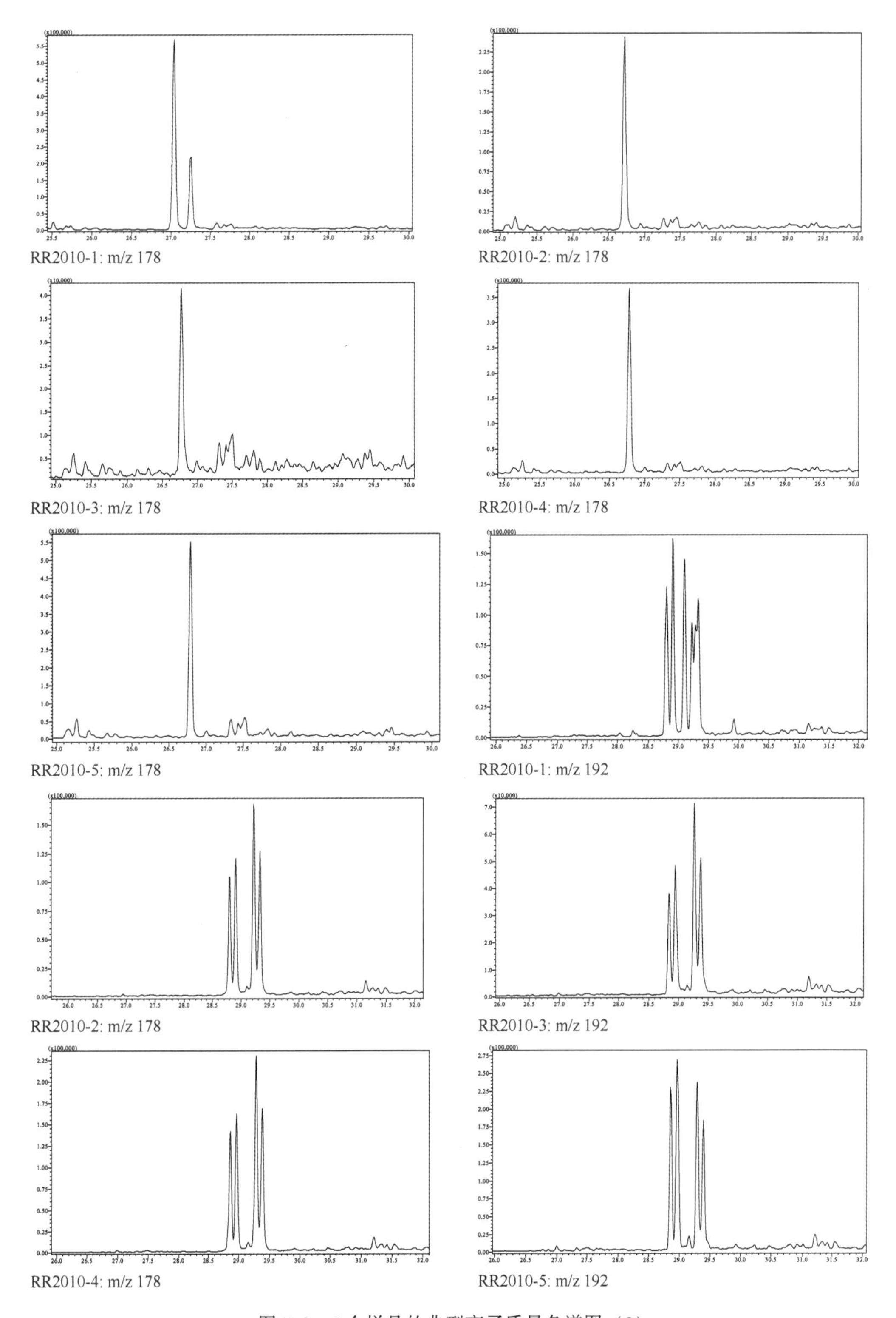

图 7.8　5 个样品的典型离子质量色谱图（2）

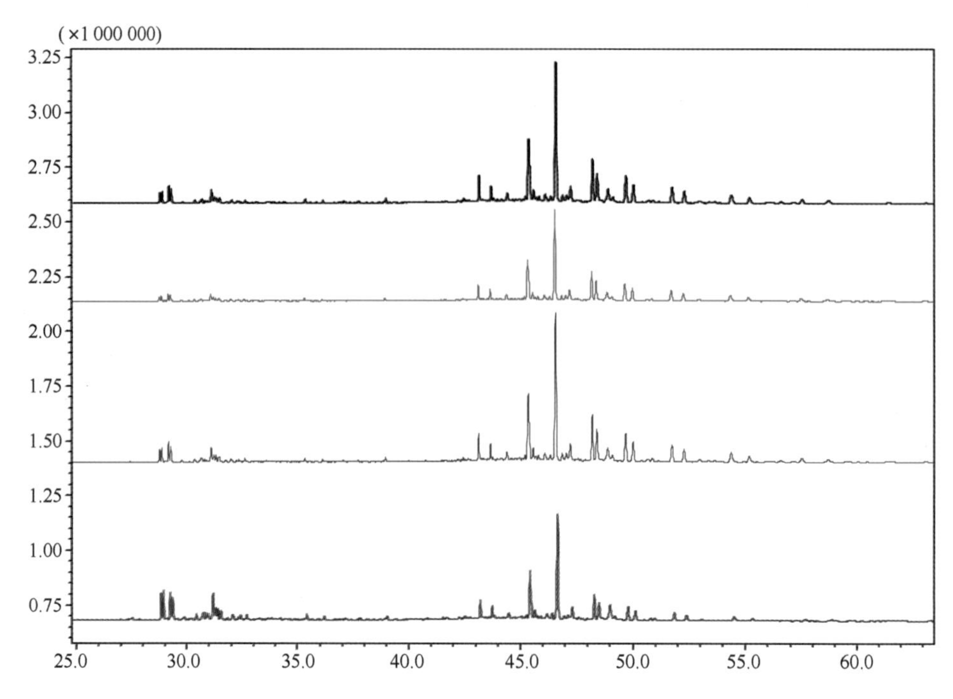

图 7.9　油样 RR2010-2、RR2010-3、RR2010-4 和 RR2010-5 的 m/z 191 质量色谱图

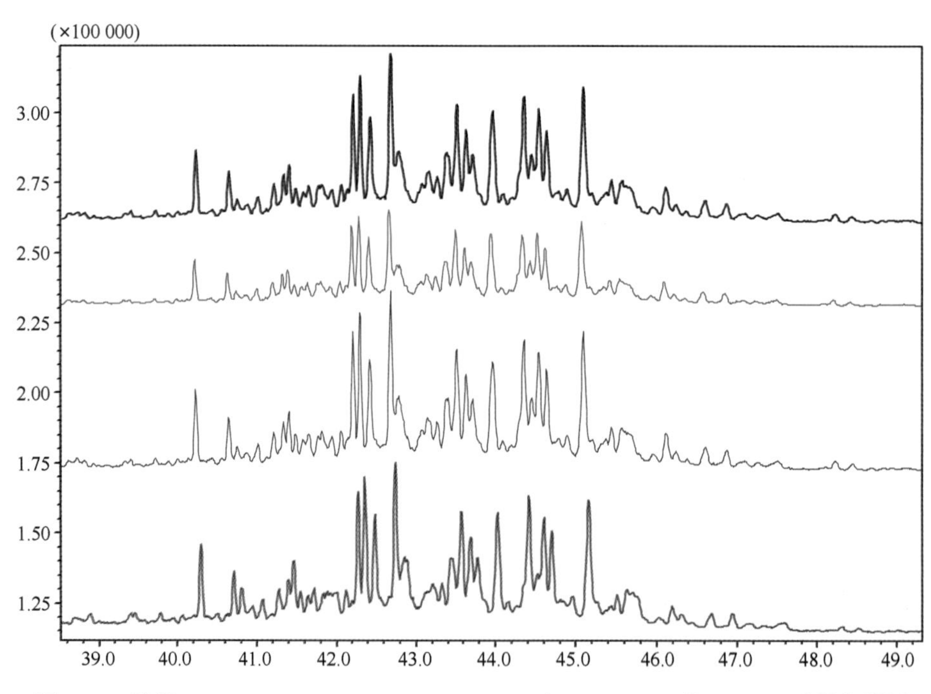

图 7.10　油样 RR2010-2、RR2010-3、RR2010-4 和 RR2010-5 的 m/z 217 质量色谱图

7.2.2　油样间比对鉴定

由于 RR2010-1 与其他 4 个样品油品类型不同，因此之间没有关联，仅比较 RR2010-2、RR2010-3、RR2010-4、RR2010-5 之间的关系。

7.2.2.1　气相色谱指纹比较

几个油样的正构烷烃碳数范围在 n-C9 到 n-C40 之间，由气相色谱图可以看出样品 RR2010-2，RR2010-3 和 RR2010-4 比较相似，RR2010-2 和 RR2010-3 的低沸点正构烷烃含量比 RR2010-4 低。油样 RR2010-2 和 RR2010-3 受到了一定程度的风化或生物降解，样品 RR2010-5 与溢油样品色谱图轮廓不同，初步推断样品 RR2010-1，RR2010-2 和 RR2010-3 不是来自 RR2010-5（图 7.11）。

样品的 n-C17/姥鲛烷，n-C18/植烷以及姥鲛烷 /植烷是非常重要的诊断比值，其比较如表 7.1 所示。溢油样品 RR2010-2、RR2010-3 的 nC17/Pr 和 nC18/Ph 均明显小于 RR2010-4 和 RR2010-5，这一结果有可能是由于来自不同油品所致，也有可能是由生物降解所造成。溢油样品 RR2010-2、RR2010-3 的 Pr/Ph 小于 RR2010-4 和 RR2010-5，有可能是蒸发风化所致。因此通过这几个比值的比较无法得出确切结论。

表 7.1　油样诊断比值（n-C17/Pr，n-C18/Ph，Pr/Ph）比较

Area ratios	RR2010-2	RR2010-3	RR2010-4	RR2010-5
n-C17/Pr	2.35	0.76	2.71	3.36
n-C18/Ph	2.92	1.00	3.36	4.26
Pr/Ph	1.27	1.26	1.30	1.40

7.2.2.2　主要质量色谱图比较

从图 7.9 可以看出，RR2010-5 中的伽马蜡烷相对含量较高，与其前面相邻的 C31 升藿烷基本持平，明显高于其他 3 个样品；在 m/z 231 谱图中（图 7.12），三芳甾之间的一个小峰与其他 3 个样品也有明显差异。据此基本可以判断，RR2010-2、RR2010-3 与 RR2010-5 油指纹不一致。

7.2.2.3　指纹数据统计比较

主要通过 PW 图和诊断比值重复性限比较图，进行样品间一致性分析。

1）RR2010-1 与 RR2010-4、RR2010-5

前面已经分析，RR2010 为重质燃料油，而 RR2010-4 和 RR2010-5 均为原油，因此溢油样 RR2010-1 自然不是来自于 RR2010-4 或 RR2010-5，此处通过 PW 图和诊断比值进一步确认（图 7.13~图 7.16）。从 PW 图中看出，所有组分分布非常散乱，明显不是同一种油；而在重复性限比较图中，绝大多数比值明显超过判别标准 14%，充分证明 RR2010-1 与 RR2010-4 及 RR2010-5 指纹不一致。

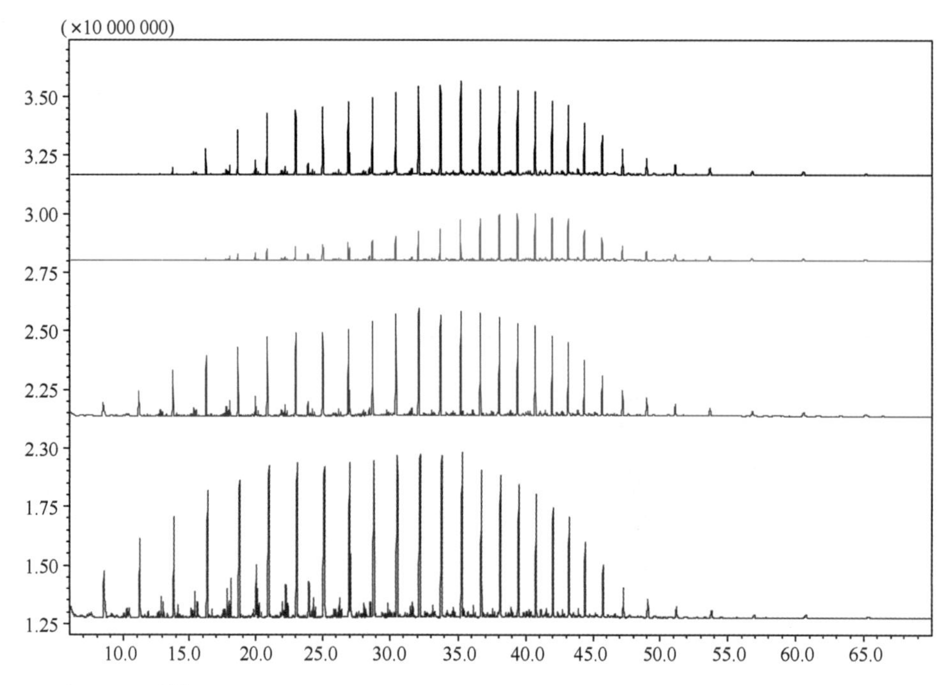

图 7.11　油样 RR2010-2、RR2010-3、RR2010-4 和 RR2010-5 的 m/z 85 质量色谱图

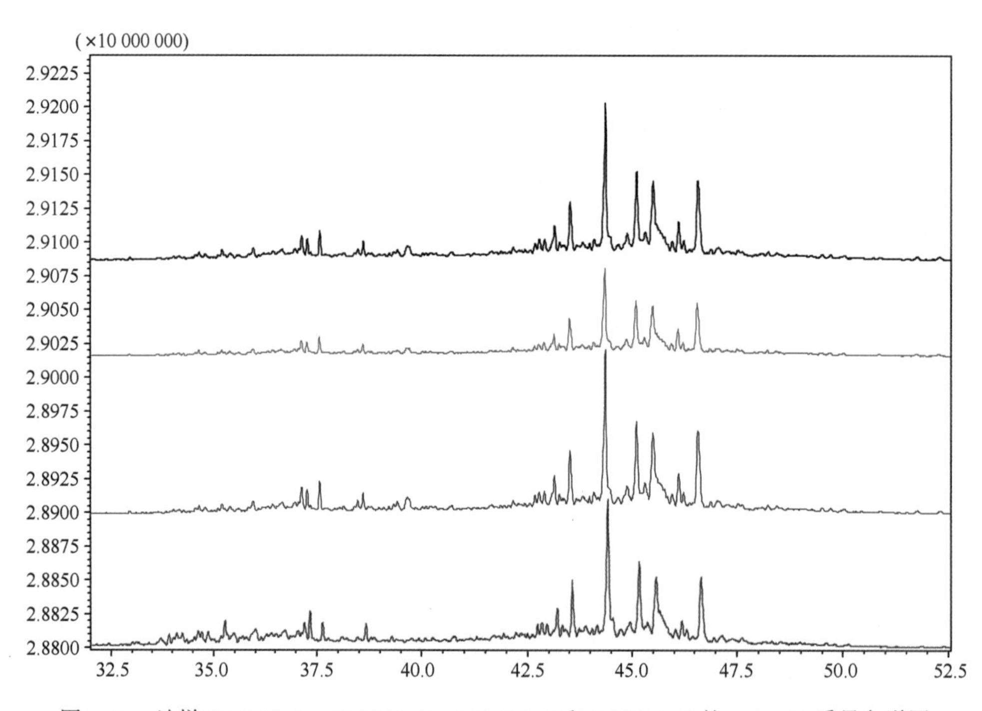

图 7.12　油样 RR2010-2、RR2010-3、RR2010-4 和 RR2010-5 的 m/z 231 质量色谱图

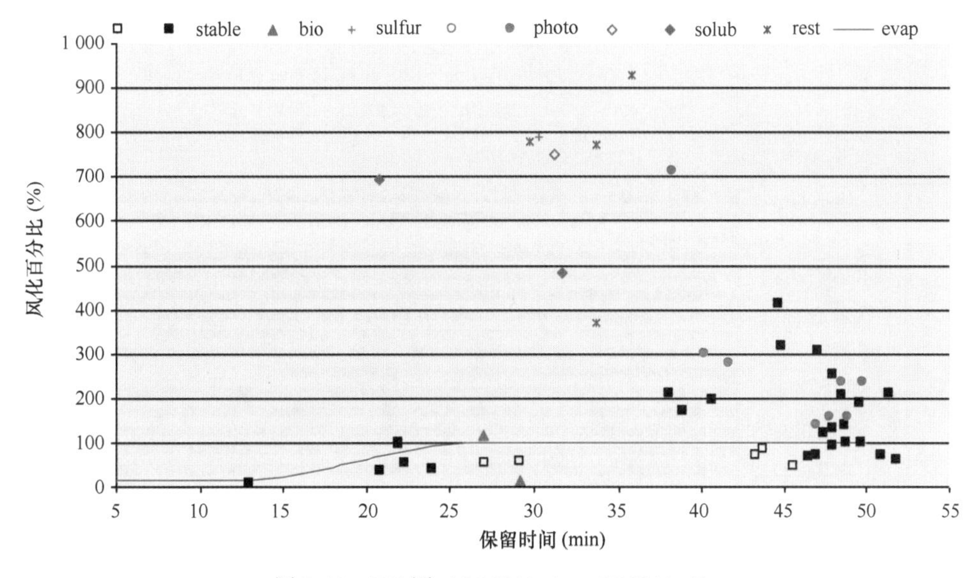

图 7.13　PW 图（RR2010-1 vs RR2010-4）

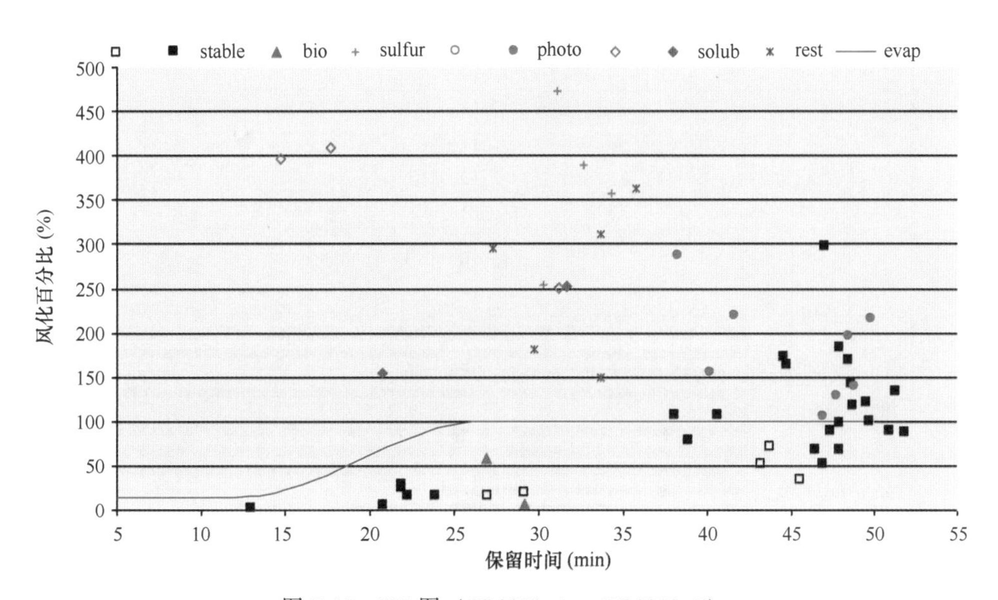

图 7.14　PW 图（RR2010-1 vs RR2010-5）

2）RR2010-2 与 RR2010-4

从 PW 图中看出（图 7.17），所有组分分布基本符合蒸发曲线，偏离曲线的点也都可以进行清楚的解释。较重的组分基本在 100%上下；轻质稳定性组分（黑色点）沿蒸发曲线分布；少数几个易溶性组分（蓝色点）低于蒸发曲线，表明受到了海水溶解影响；C17、C18（绿色三角）明显低于曲线，说明受到了显著的生物降解；Pr、Ph 也略低于曲线，可能也受到了轻微的生物降解。从该 PW 图分布分析认为 RR2010-2 与 RR2010-4 油

Comparison of the normative ratios_relative difference in %
RR2010-1 - RR2010-4
0
14
28
NR-C17/pris
NR-pris/phy
NR-2-MP-1-MP
NR-B(a)F/4-Mpy
NR-aMpy/4-Mpy
NR-Retene/T-M-phen
NR-27Ts/30ab
NR28ab/30ab
NR-30O/30ab
NR-30G/30ab
NR-27bb/29bb
NR-SC28/RC26+SC27
NR-RC28/RC26+SC27

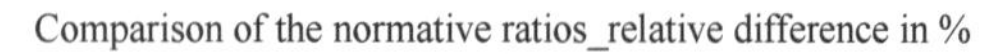

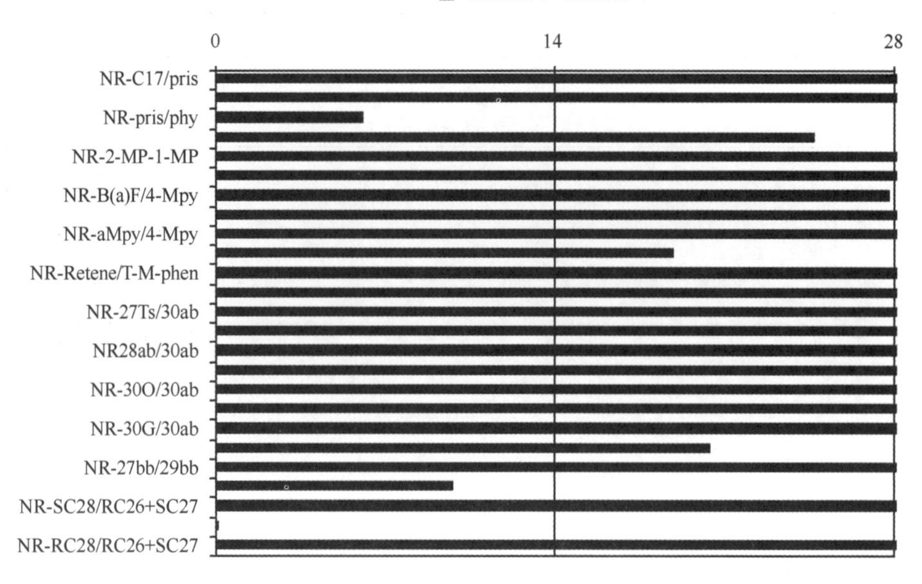

图 7.15　诊断比值重复性限比较图（RR2010-1 vs RR2010-4）

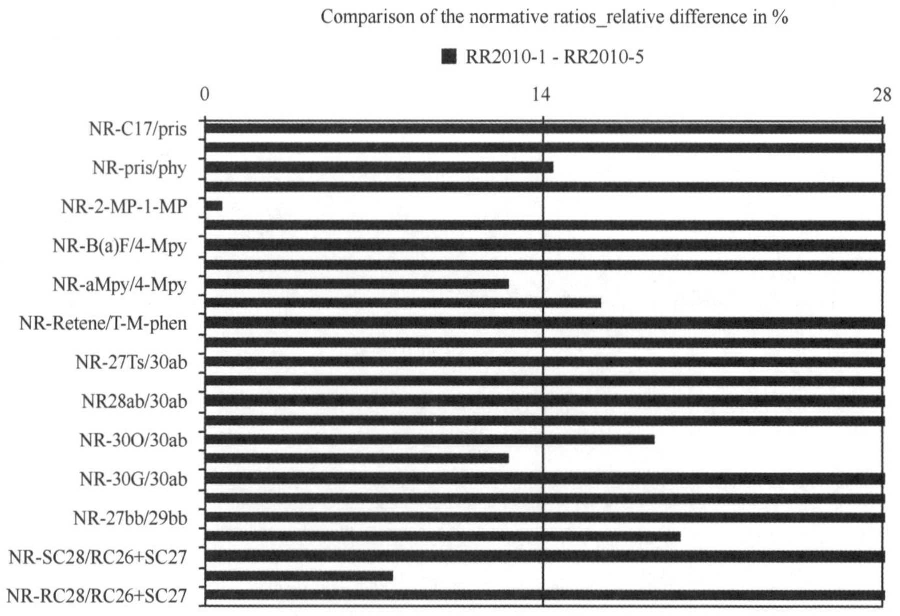

Comparison of the normative ratios_relative difference in %
RR2010-1 - RR2010-5
0
14
28
NR-C17/pris
NR-pris/phy
NR-2-MP-1-MP
NR-B(a)F/4-Mpy
NR-aMpy/4-Mpy
NR-Retene/T-M-phen
NR-27Ts/30ab
NR28ab/30ab
NR-30O/30ab
NR-30G/30ab
NR-27bb/29bb
NR-SC28/RC26+SC27
NR-RC28/RC26+SC27

图 7.16　诊断比值重复性限比较图（RR2010-1 vs RR2010-5）

指纹一致。

观察诊断比值比较图（图 7.18）发现，除 C17/Pr、C18/Ph 外，其余典型诊断比值均明显低于 14%。而前面已经讨论过，C17、C18 的变化可能是由于生物降解的影响。

综合判断，RR2010-2 与 RR2010-4 油指纹一致。

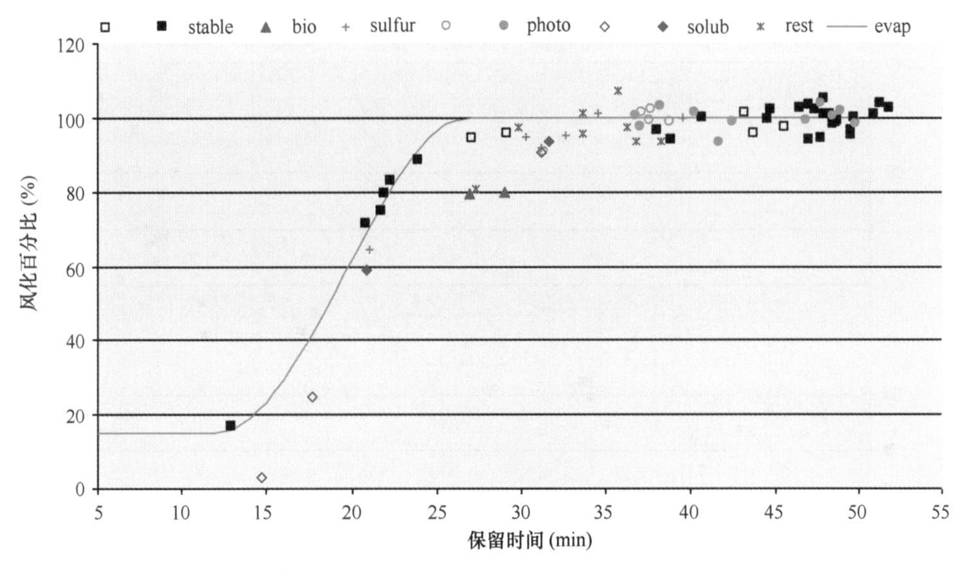

图 7.17　PW 图（RR2010-2 vs RR2010-4）

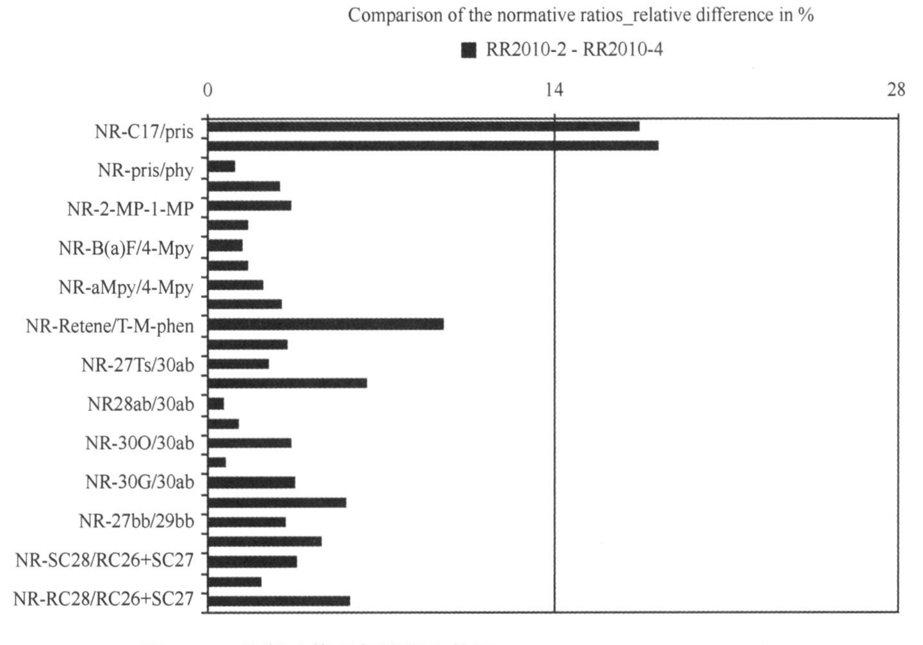

图 7.18　诊断比值重复性限比较图（RR2010-2 vs RR2010-4）

3）RR2010-2 与 RR2010-5

从图 7.19 中可以看出，PW 图分布散乱，完全不符合蒸发曲线；大多数诊断比值超出判别标准 14%（图 7.20），因此 RR2010-2 与 RR2010-5 油指纹不一致。

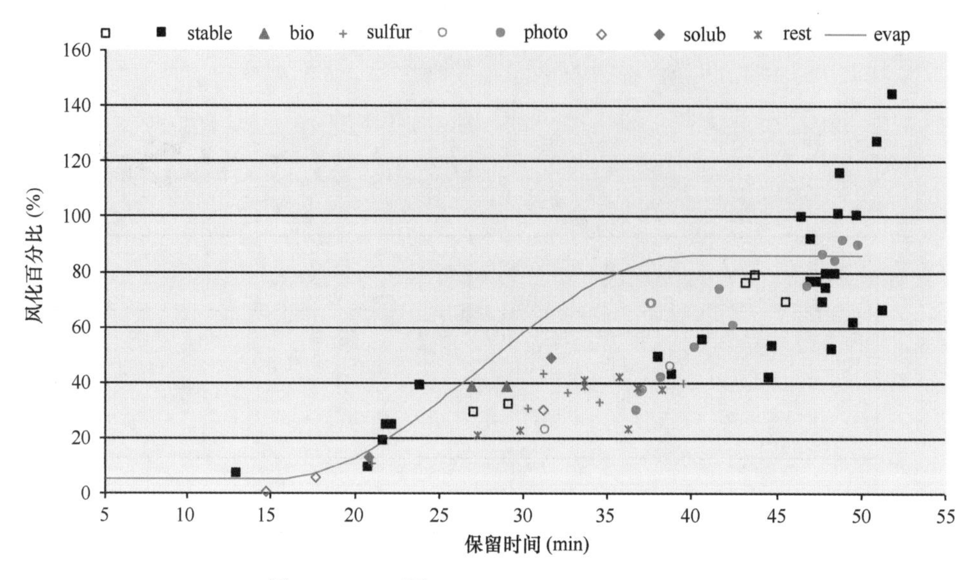

图 7.19　PW 图（RR2010-2 vs RR2010-5）

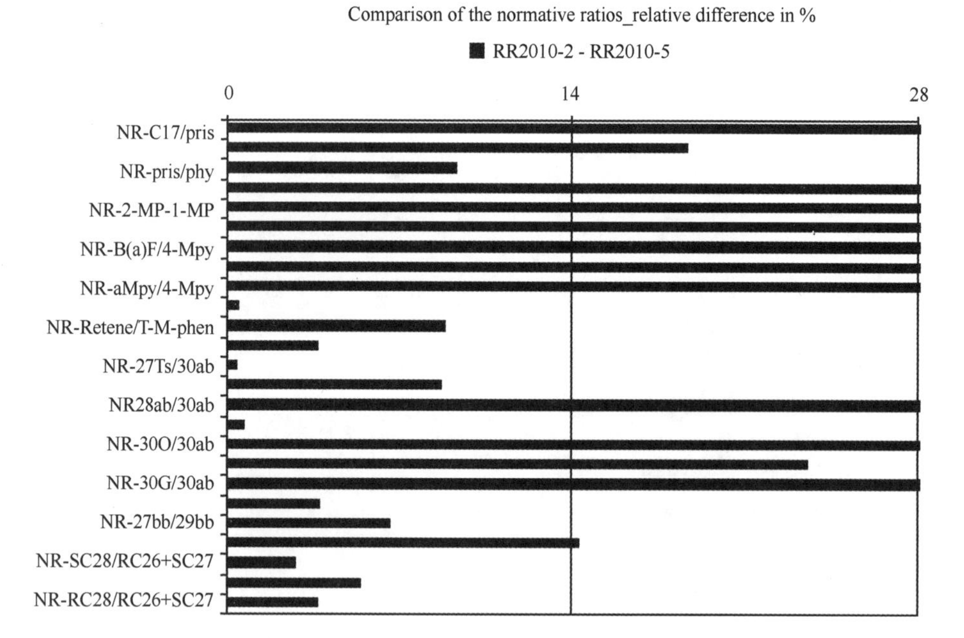

图 7.20　诊断比值重复性限比较图（RR2010-2 vs RR2010-5）

4）RR2010-3 与 RR2010-4

从 PW 图（图 7.21）中看出，所有组分分布基本符合蒸发曲线，偏离曲线的点也都可以进行比较清楚的解释。较重的组分基本在 100%上下；轻质稳定性组分（黑色点）沿蒸发曲线分布；易溶性组分（蓝色点）低于蒸发曲线，表明受到了海水溶解影响；C17、C18（绿色三角）大大低于曲线，说明受到了严重的生物降解；Pr、Ph 也明显低于曲线，说明也受到了一定程度的生物降解；少数易光解组分（红色点）低于曲线，说明受到了一定程度的光降解影响；含硫组分（十字符号）也明显低于曲线，可能也受到了生物降解。从该 PW 图分布分析认为 RR2010-2 与 RR2010-5 油指纹一致。

观察诊断比值比较图（图 7.22）发现，除 C17/Pr、C18/Ph 外，其余典型诊断比值均明显低于 14%。而前面已经讨论过，C17、C18 的变化可能是由于生物降解的影响。

综合判断，RR2010-3 与 RR2010-4 油指纹一致。

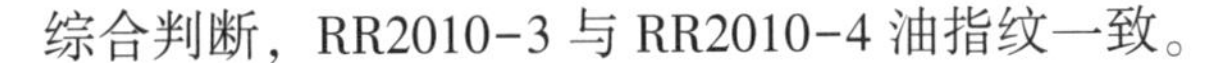

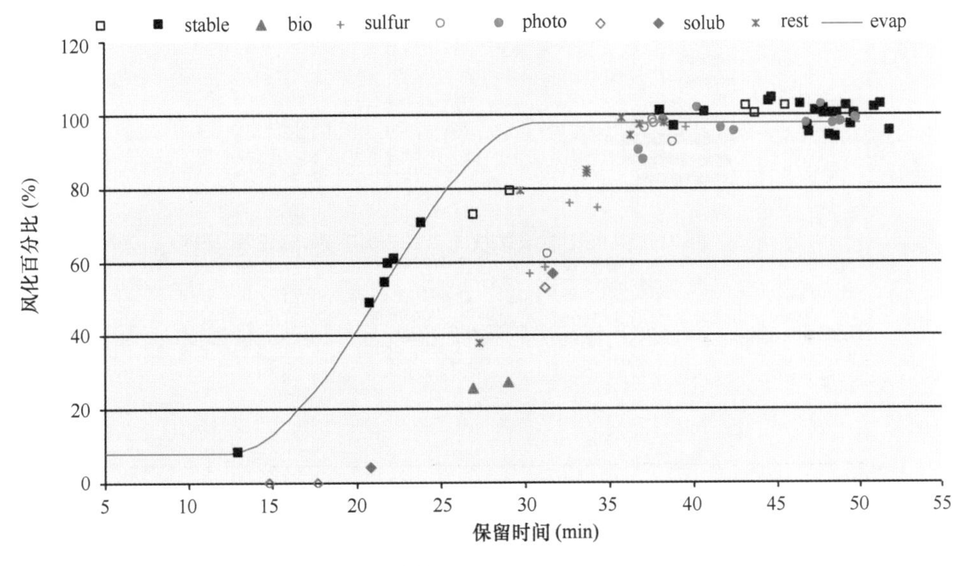

图 7.21　PW 图（RR2010-3 vs RR2010-4）

5）RR2010-3 与 RR2010-5

从图 7.23 中可以看出，PW 图分布散乱，完全不符合蒸发曲线；大多数诊断比值超出判别标准 14%（图 7.24），因此 RR2010-3 与 RR2010-5 油指纹不一致。

6）RR2010-2 与 RR2010-3

由于 RR2010-2、RR2010-3 均与 RR2010-4 油指纹一致，因此 RR2010-2 与 RR2010-3 应当一致。将二者进行比对确定。

从 PW 图（图 7.25）中看出，所有组分分布基本符合蒸发曲线，偏离曲线的点也都可以进行比较清楚的解释。较重的组分基本在 100%上下；轻质稳定性组分（黑色点）沿蒸发曲线分布；易溶性组分（蓝色点）低于蒸发曲线，表明受到了海水溶解影响；C17、C18（绿色三角）大大低于曲线，说明受到了严重的生物降解；Pr、Ph 也明显低于曲线，

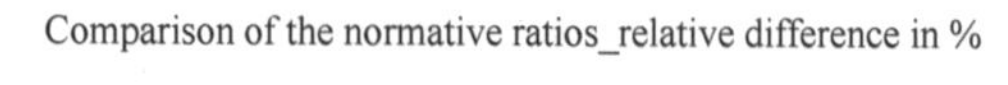

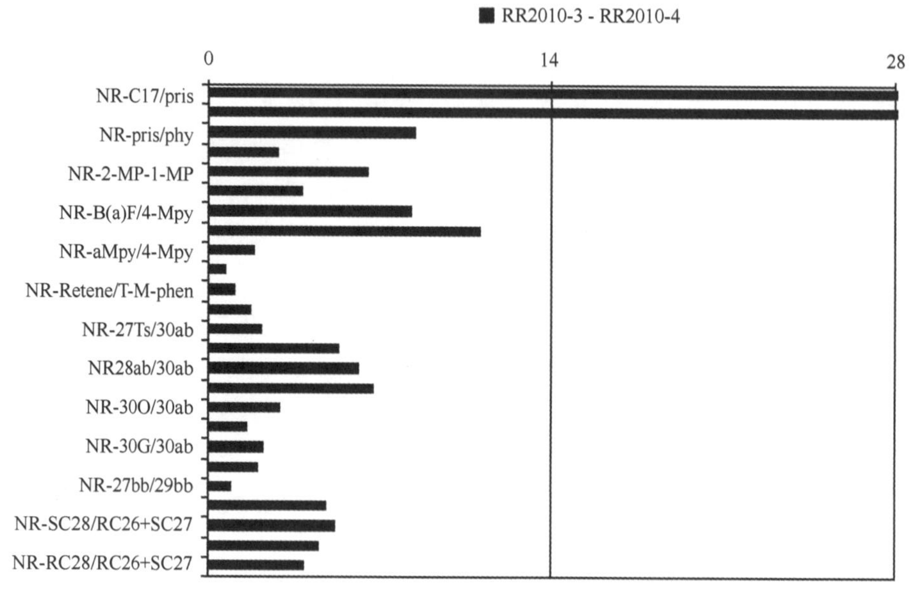

图 7.22　诊断比值重复性限比较图（RR2010-3 vs RR2010-4）

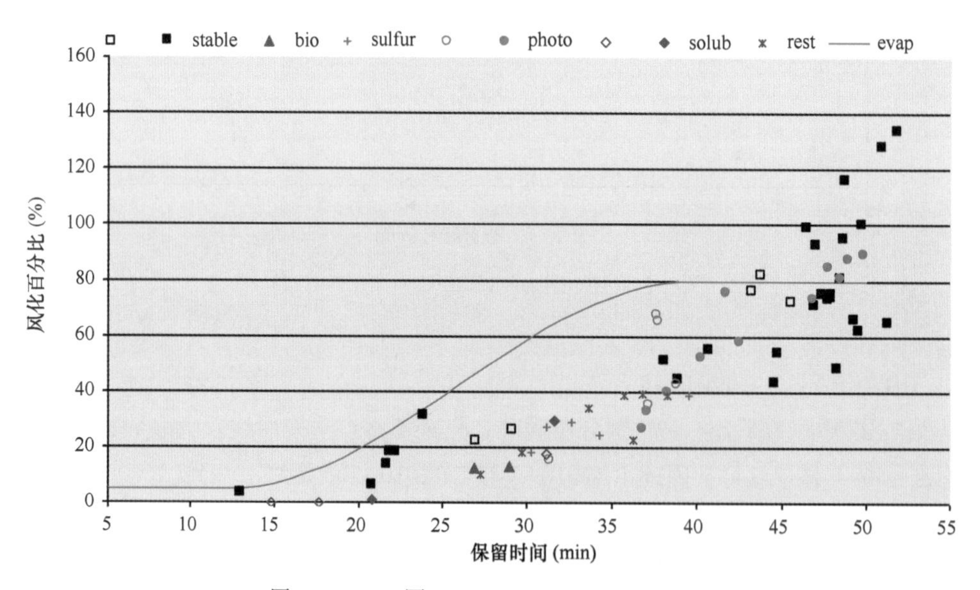

图 7.23　PW 图（RR2010-3 vs RR2010-5）

说明也受到了一定程度的生物降解；少数易光解组分（红色点）低于曲线，说明受到了一定程度的光降解影响；含硫组分（十字符号）也明显低于曲线，可能也受到了生物降解。从该 PW 图分布分析认为 RR2010-2 与 RR2010-3 油指纹一致。该 PW 图说明 RR2010-3

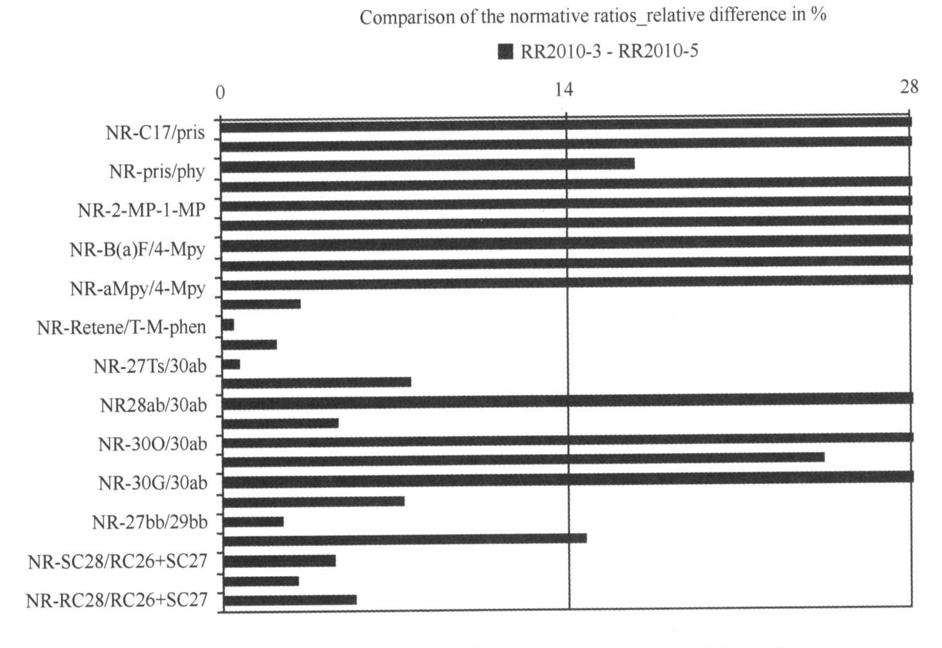

图 7.24　诊断比值重复性限比较图（RR2010-3 vs RR2010-5）

的风化程度远大于 RR2010-2，这也与实际情况相符。

观察诊断比值比较图（图 7.26）发现，除 C17/Pr、C18/Ph 外，其余典型诊断比值均明显低于 14%。而前面已经讨论过，C17、C18 的变化可能是由于生物降解的影响。

综合判断，RR2010-2 与 RR2010-3 油指纹一致。

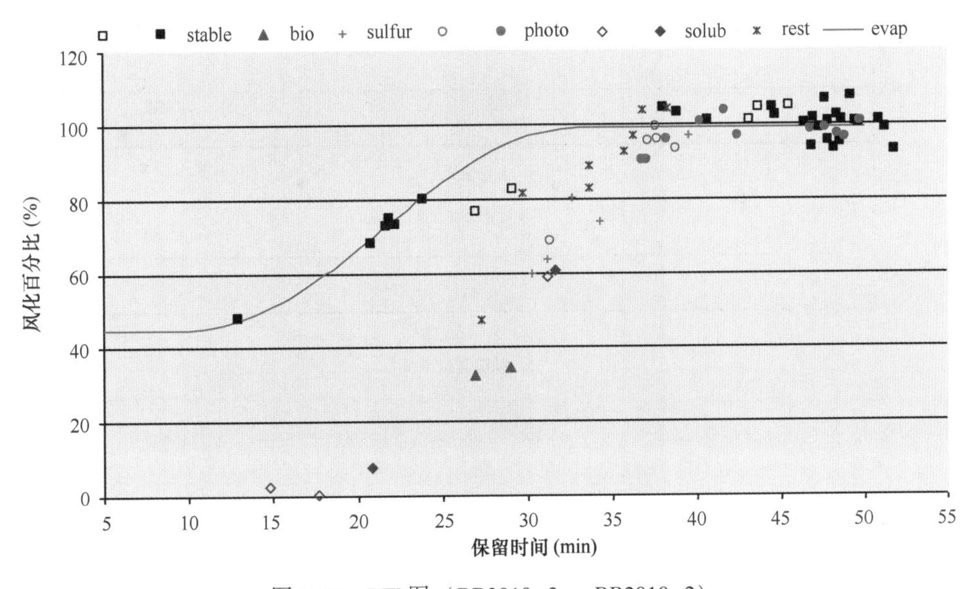

图 7.25　PW 图（RR2010-3 vs RR2010-2）

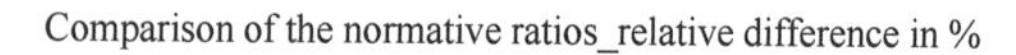

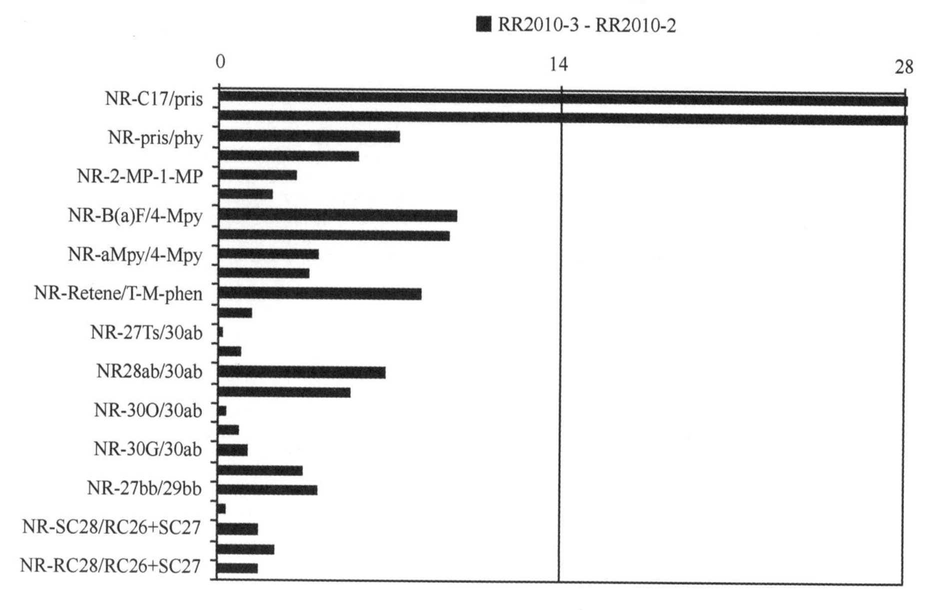

图 7.26 诊断比值重复性限比较图（RR2010-3 vs RR2010-2）

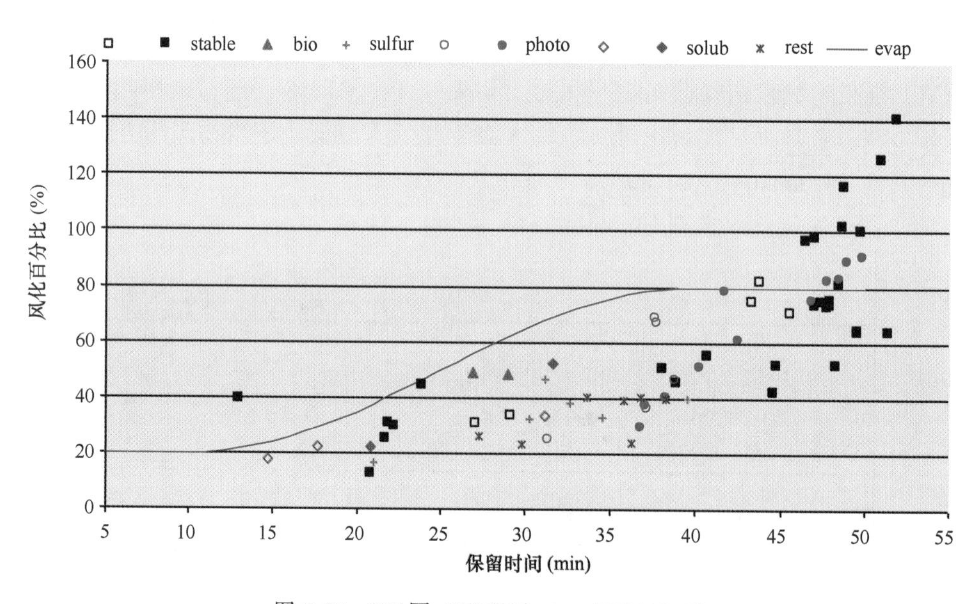

图 7.27 PW 图（RR2010-4 vs RR2010-5）

7）RR2010-4 与 RR2010-5

从前面的比较得出，RR2010-2、RR2010-3 均与 RR2010-4 油指纹一致，但与 RR2010-5 不一致，因此 RR2010-4 与 RR2010-5 应当不一致，将二者进行比对确定。

从图 7.27 中可以看出，PW 图分布散乱，完全不符合蒸发曲线；大多数诊断比值超出判别标准 14%（图 7.28），因此 RR2010-3 与 RR2010-5 油指纹不一致。

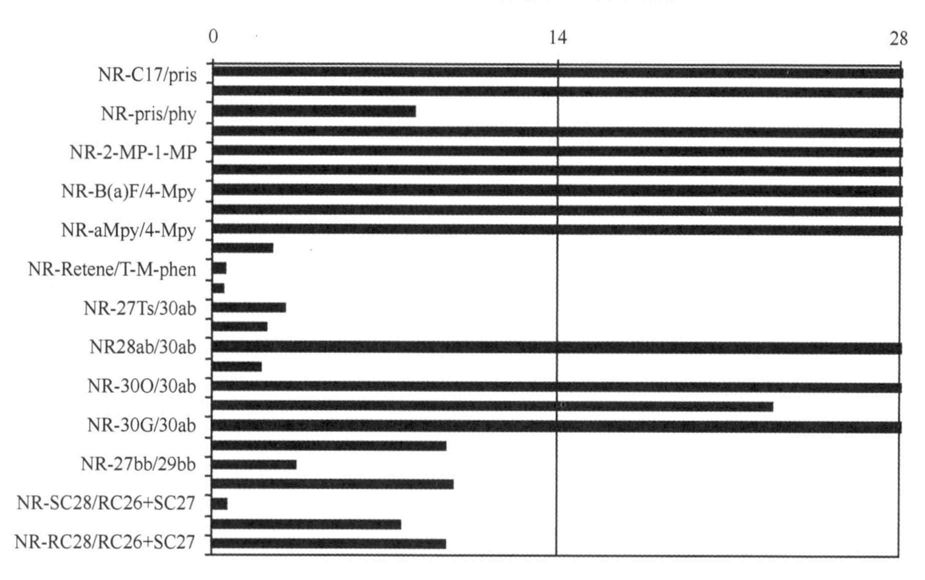

图 7.28　诊断比值重复性限比较图（RR2010-4 vs RR2010-5）

7.2.3　鉴定结论

（1）溢油样品 RR2010-1 是重质燃料油，其来源不明，其余溢油样品均为原油；

（2）RR2010-2、RR2010-3 与 RR2010-4 油指纹一致；

（3）RR2010-1 与 RR2010-4 、RR2010-5 油指纹不一致；

（4）可疑溢油源 RR2010-5 与 3 个溢油样品油指纹均不一致。

参考文献

戴云从. 1983. 用红外光谱法鉴别海面溢油源［J］. 海洋环境科学，2（2）：133-141.

范志杰. 1991. 近岸海洋溢油处理系统的比较［J］. 交通环保，12（1）：35-40.

范志杰. 1994. 海洋溢油预测模型中几个问题的研讨［J］. 交通环保，15（2）：12-17.

甘居利，贾晓平. 1998. 溢油“指纹”的判别方法［J］. 海洋科学，3：70-73.

蒋有录，查明. 2006. 石油天然气地质与勘探［M］. 北京：石油工业出版社.

王培荣. 1993. 生物标志物质量色谱图集［M］. 北京：石油工业出版社.

王培荣. 2002. 非烃地球化学和应用［M］. 北京：石油工业出版社.

徐学仁. 1987. 海洋环境中石油的光化学氧化［J］. 海洋环境科学，6（4）：58-65.

曾宪章，等. 1989. 中国陆相原油和生油岩中的生物标志物［M］. 兰州：甘肃科学技术出版社.

张春昌. 2001. 论溢油鉴别在海事行政执法中的法律适用［J］. 交通环保，22（6）：15-23.

About-Kassim T A T, Simoneit B R T P. 1995. etroleum hydrocarbon fingerprinting and sediment transport assessed by molecular biomarker and multivariate statistical-analyses in the Eastern harbor of Alexandria, Egypt［J］. Marine Pollution Bulletin, 30（1）: 63-73.

Alexander R, Kagi R, Noble R A, et al. 1984. Identification of some bicyclic alkanes in petroleum , In: Advances in Organic Geochemistry 1980, P A Schenck, J W De Leeuw, and G W M Lijmbach.（eds）, Pergamon Press, Ocford.

Atlas R M, Boehm P D, Calder J A. 1981. Chemical and biological weathering of oil from the amococadiz spillage with in the lilloral zone［J］. Estuarine Coastal and Shelf Science, 12: 589-602.

Blenkinsopp S, Wang Z, Foght J, et al. 1996. Assessment of the freshwater biodegradation potential of oils commonly transported in Alaska, Final Repor to Alaska Government, ASPS 95-0065, Environment Canada, Ottawa.

BSI Standards Publication, 2012, Oil spill identification-Waterborne petroleum and petroleum products Part 2: Analytical methodology and interpretation of results based on GC-FID and GC-MS low resolution analyses, PD CEN/TR 15522-2: 2012.

Chen J, Fu J, Sheng G, et al. 1996. Diamondoid hydrocarbon ratios Novel maturity indices for highly mature crude oils , Org. Geochem., 25: 179-190.

Christensen J H, Hansen A B, Mortensen J, et al. 2004. Integrated methodology for forensic oil spill identification, Environ. Sci. Technol., 38: 2912-2918.

Christensen J H, Hansen A B, Karlson U, et al. 2005a. Multivariate statistical methods for evaluating biodegradation of mineral oil［J］. Chromatography A, 1090（1-2）: 133-145.

Christensen J H, Hansen A B, Mortensen J, et al. 2005b. Charcterization and matching of oil samples using fluorescence spectroscopy and parrallel factor analysis［J］. Analytical Chem., 77（7）: 2210-2217.

Christensen J H, Hansen A B, Tomasi G, et al. 2005c. Andersen. Chromatographic preprocessing of GC-MS data for analysis of complex chemical mixtures [J]. Chromatography A, 1062 (1): 113-123.

Christensen J H, Tomasi G, Hansen A B, 2005d. Chemical fingerpringting of petroleum biomarkers using time warping and PCA [J]. Envrion. Sci. Tech., 39 (1), 255-260.

Concawe. 1983. Characteristics of petroleum and its behavior at sea [J]. Report No. 8-83.

Dagmar Schmidt-Etkin. 2011. " Chapter 2: Spill Occurrences: A World Overview", in the book "Oil Spill Science and Technology ", Merv Fingas (eds), Gulf Professional Publishing, Burlington, pp 8-46.

Faksness L G, Weiss H, Daling P S. 2002a. Revision of the Nordtest methodology for Oil Spill Identification-Technical report. SINTEF report STE66 A01028.

Faksness L G, Daling P S, Hansen A B. 2002b. CEN/BT/TF 120 Oil Spill Identification. Summary Report: Round Robin Test Series B. SINTEF report STE66 A02038.

Faksness L-G, Daling P S, Hansen A B. 2002c. Round robin study-oil spill identification. Environ. Forens., this issue (doi: 10. 1006, enfo. 2002. 0106).

Fingas M, Fieldhouse B. 1998. Water-in-oil emulsions results of formation studies and applicability to oil spill modelling [A]. Marine environmental modeling seminar' 98 [C]. Lillehammer, Norway: March 3-5.

Foght J, Semple K, Gauthier C, et al. 1998. Fingas, Development of a standard bacterial consortium for laboratory efficacy testing of commercial freshwater oil spill bioremediation agents, Environmental Technology, 20: 839-849.

Fu J, Pei C, Sheng G, et al. 1992. A geochemical investigation of crude oils from eastern Pearl River mouth basin, South China, J. Southeast Asian Earth Science, 7: 271-272.

Gregory S Douglas, Scott A Stout, Allen D Uhler, et al. 2007. "Chapter 8: Advantges of Qantitative Chemical Fingerpringting in Oil Spill Source Identification", in the book "Oil Spill Environmental Forensics", (Eds., Zhendi Wang and S. A. Stout), Elsevier, New York, pp 1-54.

Harris D C. 1995. Quantitative Chemical Analysis, 4th edition. New York, USA, W. H. Freemantle and Company. http: //www. itopf. com.

Jagos R Radovic, Christoph Aeppli, Robert K Neison, et al. 2014. Assessment of photochemical processes in marine oil spill fingerprinting, Marine Pollution Bulletin, 79 (1-2): pp 268-277.

John Aitchison. 1981. A New Approach to Null Correlations of Proportion, Mathematical Geology, 13 (2): 175-189.

John Aitchison. 1992. On Criteria for Measures of Compositional Difference, Mathematical Geology, 24 (4): 365-379.

Lavine B K, Brzozowski D, Moores A J, et al. 2001. Mayfield, Genetic algorithm for fuel spill identification. Analytica Chimica Acta., 43: 233-246.

McKirdy D M, Cox R E, Volkman J K, et al. 1986. Botryococcane in a new class of Austualian non-marine crude oils, Nature, 320: 57-59.

Merv Fingas. 2001. The basics of oil spill cleanup [M]. New York: Lewis Publishers.

Murrisepp A M, Urof K, Liiv M, et al. 1994. A comparative study of non-aromatic hydrocarbons from kukersite and dictyonema shale semicoking oils, Oil Shale, 11: 211-216.

Nielsen N P V, Carstensen J M, Smedsgaard J. 1998. Aligning of single and multiple wavelength chromatographic profiles for chemometric data analysis using correlation optimised warping. J. Chromatogr. A,

805 (1-2): 17-35.

Oil Sampling at Sea: Second edition July 2002, Sweden.

Ourisson G, Albrecht P. 1992. Hopanoids, 1. Geohopanoids: the most abundant natural products on Earth? Acc. Chem. Rev., 25: 398-402.

Per S Daling, Liv - Guri Faksness, Asger B Hansen, et al. 2002. Stout, Improved and Standardized Methodology for Oil Spill Fingerprinting [J]. Environmental Forensics, 3: 263-278.

Per S Darling, Liv-Guri Faksness. 2002. Improved and standardized methodology for oil spill fingerprinting [J]. Environmental Forensics, 3: 263-278.

Per S Daling. 2010. ppt for "Sampling kits used in Norway". Norway.

Prince R C. 1993. Petroleum spill bioremediation in marine environment, Crit. Rev. Microbial, 36: 724-728.

Radke M, Welte D H. 1983. The methylphenanthrene indx (MPI). A maturity parameter based on Aromatic hydrocarbons. In Advances in Organic Geochemistry 1981 (M. Bjoroy, C. Albrecht, C. Cornfort, et al., eds), Wiley, New York, pp 504-512.

Riva A, Caccialanza P, Quagliaroli F. 1988. Recognition of 18 (H) -oleanane in several crudes and Tertiary-Upper Cretaceous sediments, Organic Geochemistry, 13: 671-675.

Robert M Garrett, Ingrid J Pickering, Copper E Haith, et al. 1998. Prince, Photooxidation of crude oils [J]. Environ Sci Technol, 32: 3719-3723.

Ronald M Atlas, Richard Bartha. 1992. Bartha Hydrocarbon biodegradation and oil spill bioremediation, In: Advances in Microbial Ecology, K. C. Marshall, (ed.), Plenum Press, New York, 12: 287-3382.

Rye Henrik. 1994. A multi-component oil spill model for calculation of evaporation and dissolution of condensate [A]. 1994 environmental modelling seminar [C]. 179-189.

Stout S A, Uhler A D, McCarthy K J. 2001. A strategy and methodology for defensibly correlating spilled oil to source candidates [J]. Environ. Forensics, 2: 87-98.

Swannel R P J, Lee K, McDonaph M. 1996. Field evaluation of marine oil spill bioremediation, Microbial Rev., 60: 342-365.

Tissot B P, Welte D H. 1978. Petroleum Formation and Occurrence: A New Approach to Oil and Gas Exploration. Springer-Varlag.

van Aarssen B G K, Cox H C, Hoogendoorn P, et al. 1990. A cadinene biopolymer present in fossil and extract Dammar resins as source for cadinanes and dicadinanes in crude oils from Southeast Asia, Geochimica et Cosmochimica Acta, 54: 3021-3031.

Wang Z D, Fingas M, Blenkinsopp S, et al. 1998. Westlake, Oil composition changes due to biodegradation and differentiation between these changes to those due to weathering, Journal of Chromatography A, 809: 89-107.

Wolff G A, Lamb N A, Maxwell JR. 1986. The origin and fate of 4-methyl steroid hydrocarbons, Geochimica et Cosmochimica Acta, 50: 335-342.

Wolfgang K, Seifert, Moldowan J ichael. 1978. Applications of steranes, terpanes and monoaromatics to the maturation, migration and source of crude oils, Geochimica et Cosmochimica Acta, 42 (1): 77-95.

Zhendi Wang, Christensen J H. 2006. "Chapter 17: Petroleum biomarker Fingerprinting for Environmental Forensics (Application) ", in the book "Environmental Forensics: A Contaminant Specific Approach", B.

Morrison and B. Murphy (eds.), Elsevier, New York, pp 409-464.

Zhendi Wang, Fingas M, Yang C, et al. 2006. Christensen, "Chapter 16: Petroleum biomarker Fingerprinting for Environmental Forensics (Basics) ", in the book "Environmental Forensics: A Contaminant Specific Approach", B. Morrison and B. Murphy (eds.), Elsevier, New York, pp 339-408.

Zhendi Wang, Merv Fingas, David S Page. 1999. Oil spill identification, Journal of Chromatography A, 843 (1-2): 369-411.

Zhendi Wang, Merv Fingas, Michael Landriault, et al. 1997. Using systematic and comparative analytical data to identify the source of an unknown oil on contaminated birds, Journal of Chromatography A, 775 (1-2): 251-265.

Zhendi Wang, Scott A. 2007. Stout, Oil Spill Environmental Forensics [M], Elsevier, New York.